JN430284

쉽게 찾는 우리 나무 1
ㅣ산나무 - 봄ㅣ

초판 1쇄 발행 ㅣ 2000년 4월 5일
초판 14쇄 발행 ㅣ 2016년 3월 30일

지은이 ㅣ 서민환 · 이유미
펴낸이 ㅣ 조미현

펴낸곳 ㅣ (주)현암사
등록 ㅣ 1951년 12월 24일 · 제10-126호
주소 ㅣ 04029 서울시 마포구 동교로12안길 35
전화 ㅣ 365-5051 · 팩스 ㅣ 313-2729
전자우편 ㅣ editor@hyeonamsa.com
홈페이지 ㅣ www.hyeonamsa.com

글 ⓒ 서민환 · 이유미 2000
사진 ⓒ 현암사 2000

•잘못된 책은 바꾸어 드립니다.
•저작권자와 협의하여 인지를 생략합니다.

ISBN 978-89-323-1038-1 04480
ISBN 978-89-323-1037-4 (세트)

쉽게 찾는 우리 나무 ①
산나무 |봄|

서민환 · 이유미 지음

현암사

나무는 정말 놀라운 존재입니다. 생각만 해도 가슴이 벅차 오를 만큼 웅장하고 신비로우며, 가까이 다가서면 더없이 정답고 푸근합니다. 자세히 들여다보면, 솜털 하나, 잎맥 하나하나가 살아 움직여 그 섬세함에 감탄하곤 합니다.

하지만 많은 사람이 이 좋은 나무를 가까이하고 싶어도 나무를 잘 알지 못하여 어렵게 느끼곤 합니다. 작은 종자에서 30m에 이르는 거목이 되기까지, 그리고 작은 겨울눈이 터서 잎이 나고 꽃이 피고, 열매를 맺고 낙엽이 지기까지 수없이 모습을 바꾸니 어찌 보면 어려운 것이 당연한 일이겠지요. 그래서 우리는 나무에 더 큰 매력을 느끼는지도 모르겠습니다.

사실 우리가 잘 알고 있다고 생각하는 진달래나 벚나무도 꽃이 져 버리면, 특징을 알 수 없는 비슷비슷한 '나무'로 느끼게되고, 우리 민족이 가장 아낀다는 소나무를 잣나무와 구별해 내기도 쉬운 일은 아닙니다. 그 밖에도 제대로 알지 않으면 구별하기 어려운 나무는 많지요.

『쉽게 찾는 우리 나무』는 바로 이러한 어려움을 어떻게 하면 조금이라도 덜 수 있을까, 누구나 쉽게 나무를 알고 가까이할 수 있게 하는 방법은 무엇일까, 많이 궁리하며 만들었습니다.

이 책에는 멀리서 본 나무의 모습, 나무를 구별하는 특징이 되는 잎과 꽃, 열매 그리고 이 모든 것이 다 떨어져 버리는 겨울에도 의연히 서 있는 겨울 나무를 구별할 수 있게 하는 수피(樹皮) 등 나무의 생태에 대한 자세한 내용, 구별하기 어려운 나무와의 차이점 등을 실어 누구나 나무에 대해 제대로 알 수 있게 엮었습니다. 산이나 공원에 갈 때 주머니나 손가방에 부담 없이 넣어 가지고 다니면 큰 도움이 되리라 생각합니다.

이제 나무를 찾아 숲으로 떠날 때에는 『숲으로 가는 길』을 보며 방향을 정하고, 숲에서는 이 『쉽게 찾는 우리 나무』를 펼쳐 보며 궁금한 나무를 찾아내고, 집으로 돌아가 책꽂이에 꽂힌 『우리가 정말 알아야 할 우리 나무 백가지』를 펼쳐 그 나무의 속 깊은 이야기를 읽으며 사색에 잠긴다면 나무와 완전한 교류를 하는 셈이 아닐까 생각하니 필자들 스스로 참 즐거움을 느낍니다. 저희만의 꿈같은 생각을 한 것인가요?

많은 나무의 다양한 모습을 담으려니 지면이 많이 필요했습니다. 독자들이 손쉽게 지니고 다닐 수 있도록, 산에서 볼 수 있는 나무를 '산나무'로, 도시에서 흔히 볼 수 있는 나무를 '도시나무'로 나누어 묶었고, 책에 나무를 어떤 순서로 배열할까 고민하다, 대부분의 사람이 꽃을 보며 나무를 알아보는 경우가 많다는 결론을 얻어 꽃 색깔별로 나누어 전부 4권에 실었습니다. 부디 많은 사람에게 친구처럼 정다운 책이 되었으면 좋겠습니다.

책을 내기로 한 후, 바쁜 일을 핑계로 오랫동안 미룬 저희를 기다려 주신 현암사 조근태 사장님과 형난옥 주간님께 감사드립니다. 책을 만들기까지 여러 날을 함께 고생한 김현림 부장님, 황종환 · 김세라 씨를 비롯한 편집부 식구들은 산고를 함께한 가족 같아 감사한 마음을 표하기도 새삼스러울 지경입니다. 우리가 나무를 찾아 숲을 헤매는 동안 변함없이 따뜻하게 지켜봐 주신 어머니와 밝게 자라나는 딸 한나에게도 고마운 마음을 전합니다. 끝으로 이원규 선생님의 좋은 사진으로 책이 아름다워졌음을 밝혀 둡니다.

2000년 3월 봄을 맞으며

서민환 · 이유미

❶권 산나무 | 봄 | 차례

❷권 산나무 | 여름·가을 | 차례

❸권 도시나무 | 봄 | 차례

❹권 도시나무 | 여름 · 가을 | 차례

나무를 쉽게 보는 방법

● 잎의 종류와 부분별이름

측맥

잎가장자리 톱니(거치)

잎자루

잎아래
(엽저)

잎끝(엽선)

주맥

단엽(참조팝나무)

삼출엽(칡)　　　　**장상 복엽**(오갈피나무)　　　　**우상 복엽**(아까시나무)

● 잎의 배열

어긋나기(올벚나무)　　　　마주나기(개회나무)

● 잎의 모양

바늘잎(소나무)

선형(젓나무)

피침형(꼬리조팝나무)

달걀형(물박달나무)

긴 타원형(만병초)

원형(박태기)

삼각형(송악)

심장형(피나무)

마름모형(산조팝나무)

타원형(참빗살나무)

위가 넓은 달걀형(함박꽃나무)

위가 넓은 피침형(갯버들)

꽃

● 꽃의 구성

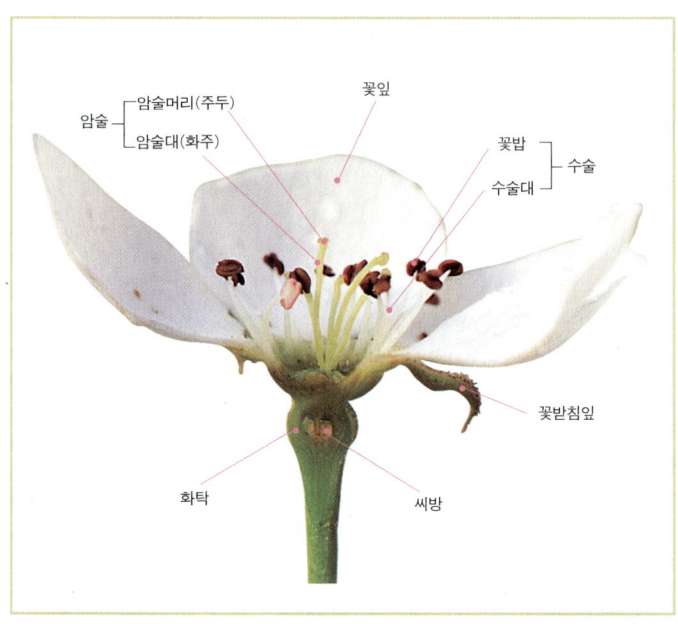

암술 ── 암술머리(주두)
       └ 암술대(화주)

꽃잎

꽃밥
수술대   } 수술

꽃받침잎

화탁   씨방

● 꽃차례(화서)의 종류

원추 화서(미역줄나무)

수상 화서(좀깨잎나무)

유이(꼬리) 화서(박달나무)

복산형 화서(백당나무)

산형 화서(팔손이)

총상 화서(아까시나무)

취산 화서(박쥐나무)

열매

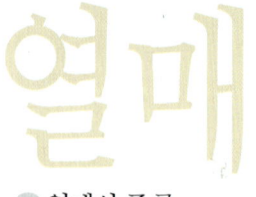

● 열매의 종류

장과(포도)

협과(아까시나무)

시과(당단풍)

핵과(매실)

삭과(무궁화)

구과(일본잎갈나무)

견과(신갈나무)

골돌(함박꽃나무)

낭과(고추나무)

수과(으아리)

이과(배나무)

취합과(멍석딸기)

장미과(장미)

나무

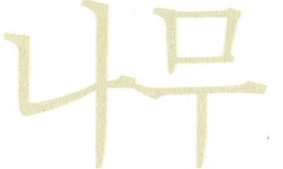

● 소나무의 한살이

1 땅에 떨어진 씨앗

2 뿌리내리기

5 매년 새순이 돋고

6 수꽃이 피어
꽃가루가 바람을 타고 날아가

9 열매가 자라고

10 씨앗을 만들어 퍼뜨린다.

3 싹트기

4 자라기

7 암꽃과 만나

8 꽃가루받이가 이루어지면

소나무 숲

일러두기

1. 『쉽게 찾는 우리 나무』는 '산' 과 '도시' 에서 볼 수 있는 나무로 나누어, '산나무 편' 에는 산에서 저절로 자라는 나무를 중심으로, '도시나무 편' 에는 도시의 공원이나 정원은 물론 인가 주변에 심어 가꾸는 나무를 중심으로 실었다. 또한 꽃이 피는 계절에 따라 각각 '봄' 과 '여름 · 가을' 편으로 나누어 전4권에 대표적인 나무 총 600여 종을 다루었다.
2. 6월에 꽃이 피는 나무는 '여름 · 가을 편' 에 수록하였다.
3. 식물 이름은 '대한식물도감' 을 기준으로 하여 실었다.

수피 / 나무껍질. 겨울에 나무를 제대로 식별하는 특징이 된다.

이명 / 지방에 따라 쓰이는 향명이나 이명

잎 / 잎의 모양

식물 이름 / 대표적인 우리 이름

꽃을 보기 어려운 나무

소나무 (솔, 적송, 육송)

학명 / 세계가 함께 쓰이는 라틴명, 속명, 종소명 및 명명자로 구성됨.

Pinus densiflora Siebold et Zuccarini
소나무과

과명 / 식물이 포함된 과명

34

꽃 색깔 / 나무를 꽃 색깔로 찾아볼 수 있다.

개화 시기 / 평균적으로 개화하는 시기를 색깔로 표시함. 숫자는 월

수형 / 기본적인 수형을 다 자란 후의 형태별로 알기 쉽게 16가지로 도식화함. 초록색인 것은 상록수, 두 가지 색으로 표현된 것은 낙엽수

예

상록수　　낙엽수

분포 / 우리 나라 전역
특징 / 상록 교목, 높이 30m
줄기 / 붉은 수피
잎 / 침엽으로 2개씩 속생함. 길이는 6~12cm
열매 / 구과, 달걀 모양이며 길이는 3~5.5cm로 다음해 9월에 익음.
번식 / 종자
용도 / 관상수, 조림수, 약용, 식용

식물의 특징 / 식물의 주요 특징으로 분포, 성상, 높이, 줄기, 잎, 꽃, 열매의 특징, 번식 방법, 중요한 용도 등을 알려줌.

4. 각 권에서는 꽃의 색깔에 따라 유사한 색깔끼리 묶어 백색, 유백색 등은 '흰색', 녹황색·황갈색 등을 합하여 '노란색', 빨강·보라·분홍 등은 '붉은색', 녹색·황록색·백록색·연두색 등은 '녹색'으로 구분하였으며, 침엽수나 대나무처럼 꽃은 있지만 보기가 어려운 나무들은 따로 묶었다. 색깔 안에서는 나무가 원시적인 순서, 일반적인 도감 배열이다.

5. 가능한 한 쉬운 용어로 풀어썼으며 나무를 쉽게 찾아보고 이해할 수 있도록 기본적인 생김새나 기관을 해설하고 생활사를 수록하였다.

6. 찾아보기는 4권을 모두 합하여 작성하였다.

꽃 색깔

수꽃 / 암꽃

나무를 구별하는 데 특징이 되는 잎과 꽃, 열매 등 생생한 사진을 실음.

처진소나무

유사한 나무 / 혼동하기 쉬운 나무를, 차이점과 특징을 중심으로 서술함.

*금강소나무(for. *erecta*) : 수피가 더 붉고 수형이 곧음.
*처진소나무(for. *pendula*) : 가지가 밑으로 처지는 것
*반송(for. *multicaulis*) : ❸권 도시나무-봄, 39쪽 : 밑부분부터 줄기가 2~30개로 갈라져 관목처럼 자라는 것.
*백송(P. *bungeana*) : ❸권 도시나무-봄, 57쪽 : 줄기에 흰빛이 돌고 잎이 3개씩 모여 나는 점이 다르다.
*리기다소나무 : 42쪽 : 잎이 3개씩 모여 나며 줄기에도 잎이 돋는 것이 다르다.
*곰솔 : 44쪽 : 수피가 검고 잎이 더 길고 뻣뻣한 것이 다르다.

유사한 나무 찾기 / 유사한 나무 가운데 다른 권에 포함된 나무는 ❸❹권 도시나무(또는 ❶❷권 산나무) ☞ ○○쪽'으로 표시했고, 같은 책의 다른 쪽에 실려 있으면 '☞○○쪽'으로 표시하여 쉽게 찾아볼 수 있게 함.

꽃을 보기 어려운 나무

침엽수, 대나무류

비자나무

Torreya nucifera Siebold *et* Zuccarini
주목과

22

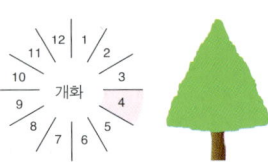

분포 / 내장산 이남
특징 / 상록 교목.
높이 25m
수피 / 홍갈색이며
얇게 벗겨짐.
잎 / 어긋나기. 나선상
배열. 길이는 2.5cm이며
기공조선이 뚜렷함.
꽃 / 수꽃은 갈색포,
암꽃은 녹색포
열매 / 핵과. 타원형이며
길이는 25~28mm.
적갈색 속껍질이 있고
다음해 10월에 익음.
번식 / 종자
용도 / 관상수, 식용,
약용, 채유용

위부터 열매 / 주목의 수꽃 / 주목의 열매

*주목(*Taxus cuspidata*) ☞『❸권 도시나무-봄』24쪽 : 옆가지 잎이 마주난 것처럼
두 줄로 달리고 열매의 붉은 과육이 종자의 일부만 싸고 있는 것이 비자나무와
다르다.

*개비자나무(*Cephalotaxus koreana*) ☞『❸권 도시나무-봄』28쪽 : 잎의 중앙 맥이
양면 모두 도드라진 것이 비자나무와 다르다.

젓나무_(전나무)

Abies holophylla Maximowicz
소나무과

24

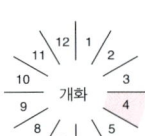

위부터 꽃 / 열매

분포 / 오대산 등 깊은 산
특징 / 상록 교목. 높이 40m
수피 / 흑갈색
잎 / 나선상 배열. 선형이며 길이는 4cm이고 끝이 뾰족함.
꽃 / 이가화
열매 / 구과. 원통형이며 길이는 10~12cm. 10월에 익음.
번식 / 종자
용도 / 관상수, 조림수, 건축재, 가구재

젓나무 숲

*일본젓나무(*Abies firma* Siebold *et* Zuccarini) : 잎 끝이 뭉툭한 것이 젓나무와 다르다.

구상나무

Abies koreana Wilson
소나무과

위부터 수꽃 / 열매

분포 / 한국 특산. 한라산, 지리산, 덕유산 등 해발 1,000m 이상
특징 / 상록 교목. 높이 18m
잎 / 위가 약간 넓은 선형으로 길이는 9~14mm
열매 / 구과. 원통형, 길이는 4~7cm. 침 모양 돌기가 젖혀짐. 10월에 익음.
번식 / 종자
용도 / 관상수, 가구재, 건축재

위부터 암꽃 / 푸른 구상 잎과 열매

*푸른구상(for. *chlorocarpa*) : 열매가 푸른색
*검은구상(for. *nigrocarpa*) : 열매가 검은색
*붉은구상(for. *rubrocarpa*) : 열매의 끝 돌기에 붉은빛이 도는 것
*분비나무(*Abies nephrolepis* Maximowicz) : 구상나무와는 잎의 윗부분이
넓지 않고 열매조각 끝이 뒤로 젖혀지지 않는 것이 다르다.

한라산 구상나무 숲

가문비나무

Picea jezoensis (Sieb. *et* Zucc.) Carriere
소나무과

왼쪽 위부터 열매 / 수형 / 잎

분포 / 지리산, 계방산 등 높은 산
특징 / 상록 교목. 높이 20~30m
수피 / 회갈색
잎 / 횡단면 편평하고 길이는 1~2cm
열매 / 구과. 원통형으로 길이는 4~7.5cm. 9~10월에 익음.
번식 / 종자
용도 / 조림수, 악기재, 건축재, 가구재

*종비나무(*P. koraiensis*) : 가문비나무와는 잎의 횡단면이 사각형인 것이 다르다.

일본잎갈나무(낙엽송)

Larix leptolepis (Sieb. et Zucc.) Gordon
소나무과

34

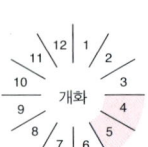

분포 / 일본 원산. 중남부 지방에서 심음.

특징 / 낙엽 교목. 높이 30m

수피 / 암갈색

잎 / 선형이며 40~50개씩 짧은 가지에 모여 난다. 길이는 20~35mm

열매 / 구과. 달걀형이며 길이는 2~3.5cm, 황갈색으로 9~10월에 익음.

번식 / 종자

용도 / 조림수

왼쪽 위 수꽃 / 위부터 잎갈나무의 덜 여문 열매 / 일본잎갈나무의 열매

*잎갈나무(*Larix gmelini* var. *principis-ruprechtii* Pilger) : 우리 나라 북부 지방에 자라며, 열매 조각이 40개 이하이고 열매 조각의 끝이 곧은 점이 일본잎갈나무와 다르다.

잣나무

Pinus koraiensis Siebold *et* Zuccarini
소나무과

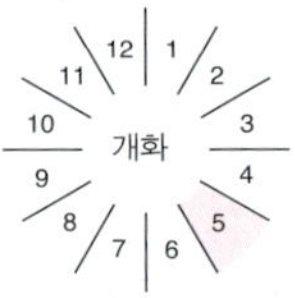

위부터 열매 / 1년생 열매

분포 / 주로 중부 이북
특징 / 상록 교목. 높이 20~30m
수피 / 흑갈색
잎 / 침엽으로 5개씩 속생함. 길이는 6~12cm
열매 / 구과. 긴 달걀형으로 길이는 12~15cm.
종자에 날개가 없고 다음해 10월에 익음.
번식 / 종자
용도 / 열매를 식용 · 약용함, 목재는 건축재, 기구재

*눈잣나무(*Pinus pumila* Regel) : 관목상으로 자라며 잣나무보다 잎의 길이가 짧은 것이 특징이다.

*섬잣나무(*Pinus parviflora*) ☞『❹권 도시나무-여름·가을』28쪽 : 잎의 길이가 3~6cm로 짧은 것이 특징이다.

*스트로브잣나무(*Pinus strobus*) ☞『❸권 도시나무-봄』34쪽 : 잎이 가늘고 연약하며 열매가 가늘고 긴 것이 특징이다.

소나무 (솔, 적송, 육송)

Pinus densiflora Siebold *et* Zuccarini
소나무과

38

왼쪽 가운데부터 수꽃 / 암꽃 / 열매

분포 / 우리 나라 전역
특징 / 상록 교목. 높이 30m
수피 / 붉은색으로 얇게 벗겨짐.
잎 / 침엽으로 2개씩 모여남. 길이는 6~12cm
열매 / 구과. 달걀 모양이며 길이는 3~5.5cm로 다음해 9월에 익음.
번식 / 종자
용도 / 관상수, 조림수, 약용, 식용

*금강소나무(for. *erecta*) : 수피가 더 붉고 수형이 곧음.
*처진소나무(for. *pendula*) : 가지가 밑으로 처지는 것
*반송(for. *multicaulis*) ☞『❸권 도시나무-봄』39쪽 : 밑부분부터 줄기가
20~30개로 갈라져 관목처럼 자라는 것.
*백송(P. *bungeana*) ☞『❸권 도시나무-봄』37쪽 : 줄기에 흰빛이 돌고
잎이 3개씩 모여 나는 것이 다르다.
*리기다소나무 ☞42쪽 : 잎이 3개씩 모여 나며 줄기에도 잎이 돋는 것이 다르다.
*곰솔 ☞44쪽 : 수피가 검고 잎이 더 길고 뻣뻣한 것이 다르다.

소나무(왼쪽), 처진소나무(오른쪽)

리기다소나무

Pinus rigida Miller
소나무과

42

위부터 열매 / 수꽃 / 암꽃

분포 / 북미 원산. 전국에서 심음.
특징 / 상록 교목. 높이 10~20m
줄기 / 적갈색이며 맹아잎이 나옴.
잎 / 침엽으로 3개씩 속생함. 길이는 7~14cm
열매 / 구과. 달걀 모양이며 길이는 7~10cm. 다음해 9월에 익음.
번식 / 종자
용도 / 사방 조림 수종

곰솔(곰송, 해송, 흑송)

Pinus thunbergii Parlatore
소나무과

44

위부터 열매 / 수꽃 / 암꽃

분포 / 서해 남양,
동해 울진 해안가 분포
특징 / 상록 교목.
높이 30m
줄기 / 수피는 흑갈색이
고 동아는 은백색
잎 / 침엽으로 2개씩
모여나며 딱딱함.
길이는 9~14cm
열매 / 구과. 달걀 모양
이며 길이는 4.5~6cm.
다음해 10월에 익음.
번식 / 종자
용도 / 방풍수, 관상수,
조림수, 식용, 약용

측백나무

Thuja orientalis Linnaeus
측백나무과

46

분포 / 단양, 안동 등
석회암 지대
특징 / 상록 교목.
높이 20m
수피 / 회갈색이며
세로로 깊게 갈라짐.
잎 / 비늘잎으로 길이는
2.5mm. 잎의 배열 W형
열매 / 구과. 원형이며
길이는 1.5~2cm.
조각(실편)이 포개짐.
9~10월에 익음.
번식 / 종자
용도 / 관상수,
생울타리용, 약용

위부터 암꽃 / 열매

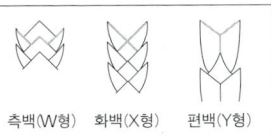

측백(W형) 화백(X형) 편백(Y형)

*눈측백(*T. koraiensis*) : 한국 특산으로 설악산 이북에서 관목상으로 누워 자람.
*편백(*Chamaecyparis obtusa*) ☞『❸권 도시나무-봄』48쪽 : 잎의 배열 Y형
*화백(*Chamaecyparis pisifera*) ☞『❸권 도시나무-봄』50쪽 : 잎의 배열 X형

측백나무 숲(자생지)

노간주나무(노가주나무)

Juniperus rigida Siebold *et* Zuccarini
측백나무과

위부터 수꽃 / 덜 여문 열매

분포 / 전국 산지
특징 / 소교목. 높이 8m
수피 / 적갈색이고 세로로 얕게 갈라짐.
잎 / 침엽이 3개씩 돌려 난다. 길이 1.2~1.7cm
열매 / 구과. 구형이며 흑자색으로 10월에 익음.
번식 / 종자
용도 / 관상수, 향료

향나무 암꽃(왼쪽) / 향나무 열매(오른쪽)

*갯노간주(*J. conferta*) : 원대가 옆으로 뻗으며 그 중간에서 뿌리가 나옴.
*향나무(*J. chinensis*) ☞ 『❸권 도시나무-봄』 52쪽 : 바늘잎과 비늘잎이
함께 달리는 것이 다르다.

조릿대 (산죽)

Sasa borealis (Hack.) Makino
벼과

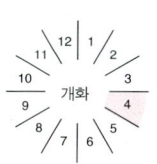 

분포 / 전국 산지

특징 / 상록성. 높이 1~2m

줄기 / 어린줄기 마디 사이에 흰가루가 있음.

잎 / 피침형이나 긴타원형. 길이는 10~25cm. 끝이 길게 뾰족함.

꽃 / 복총상 화서로 2~5개의 꽃이 작은 이삭을 형성함. 자주색

열매 / 영과로 5~6월에 익음.

번식 / 땅속줄기 가르기

용도 / 조경용, 약용(잎), 식용(열매)

위부터 꽃 / 꽃차례

* **섬조릿대**(*Sasa kurilensis* Makino *et* Schibata) : 울릉도에 자라며 마디가 높고
원대가 갈라짐.
* **제주조릿대**(*Sasa quelpaertensis* Nakai) : 한라산에 자라며 마디가 높고
공처럼 둥글게 됨.

이대

Pseudosasa japonica Makino
벼과

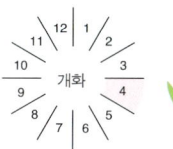

개화

왼쪽부터 죽순(새순) / 잎

분포 / 중부 이남
특징 / 상록성. 높이 2~4m. 어린 초상엽에 털이 밀생함.
죽순은 5월에 남.
줄기 / 5~6개의 가지가 나옴. 엽초는 끝까지 달림. 굽은 털이 있음.
잎 / 좁은 피침형이며 끝이 꼬리처럼 길어짐. 길이는 10~30cm
꽃 / 원추 화서로 5~10개의 자주색 꽃으로 된 소수 화서를 이룸.
열매 / 영과로 5~6월에 익음.
번식 / 땅속줄기 나누기
용도 / 세공재, 생울타리용, 화살

녹색

가래나무(산추자나무)

Juglans mandshurica Maximowicz
가래나무과

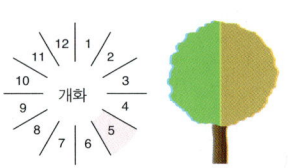

분포 / 중부 이북
특징 / 낙엽 교목. 높이 20~30m
수피 / 암회색이고 세로로 갈라짐.
잎 / 기수 우상 복엽. 어긋나기. 소엽은 9~17개로 타원형이며
길이는 6~18cm. 가장자리가 밋밋함.
꽃 / 녹갈색 수꽃 화서가 10~28cm로 길게 늘어짐.
붉은색 암꽃의 길이는 3~6.5cm
열매 / 달걀형 견과로 녹색임. 털로 덮여 있고 속에는 딱딱한 핵이 있음.
길이는 2.5~5cm이며 9월에 익음.
번식 / 종자
용도 / 조경수, 식용, 건축재

위부터 수꽃 / 열매

*호두나무(*J. sinensis*) ☞ 『❸권 도시나무-봄』 58쪽 : 소엽의 수가 7개 이하이다.

사스래나무_(고채목)

Betula ermanii Chamisso
자작나무과

분포 / 남부 고산 및 중부 이북
특징 / 낙엽 교목. 높이 20m
수피 / 회백색이고 종이처럼 벗겨짐.
피목은 둥글다.
잎 / 어긋나기. 삼각상 달걀형이며 길
이는 2~7cm. 가장자리에 불규칙한 톱
니가 있음.
꽃 / 암수한그루. 수꽃 화서는 녹황색
열매 / 소견과. 열매이삭은 짧은 원주
형이며 길이는 1.5~2.7cm. 종자에 날
개가 있고 10월에 익음.
번식 / 종자
용도 / 기구재, 건축재, 조림수

위부터 수꽃 / 열매

*좀고채목(var. *saitoana*) : 잎 표면에 털과 지점이 거의 없다.
*거제수나무(*B. costata*) ☞162쪽 : 가지에 지점이 없고 줄기의 피목이 옆으로
긴 점이 다르다.

박달나무

Betula schmidtii Regel
자작나무과

62

분포 / 전국 산지
특징 / 낙엽 교목. 높이 35m
수피 / 흑회색. 옆으로 된 줄무늬
와 백색 점이 있고 광택이 난다.
잎 / 어긋나기. 달걀형 또는 타원
형이며 길이는 4~8cm. 끝은 뾰족
하고 뒷면 맥 위 털이 있음. 측맥은
9~11쌍
꽃 / 수꽃은 아래로 처지는 이삭
모양으로 녹색이다.
열매 / 소견과. 열매이삭은 짧은
원주상이며 길이는 2~3cm. 9~10
월에 익음.
번식 / 종자
용도 / 가구재, 건축재, 조림수

위부터 수꽃 / 암꽃

*개박달나무(*B. chinensis*) : 박달나무와 비교해 수피가 회색이고 과수가
달걀형으로 짧은 점이 다르다.
*물박달나무(*B. davurica*) ☞64쪽 : 회갈색 수피가 종잇장처럼 잘게 벗겨져
너덜거리는 점이 박달나무와 다르다.

물박달나무

Betula davurica Pallas
자작나무과

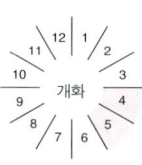

열매

분포 / 전국 산지

특징 / 낙엽 교목. 높이 20m

수피 / 회갈색이며 불규칙하게 얇은 조각으로 벗겨짐.

잎 / 어긋나기. 달걀형이며 길이는 3~7cm. 엽맥에 털이 있고,
잎맥은 6~8쌍. 가장자리에는 이중 톱니가 있다.

꽃 / 수꽃 화서 6~7cm, 암꽃 화서 4cm

열매 / 소견과. 열매이삭은 짧은 원주상이며 길이는 2~3cm
2배 정도 긴 날개가 달림. 9월에 익음.

번식 / 종자

용도 / 건축 토목재, 가구재, 조림수

느릅나무

Ulmus davidiana var. *japonica* Nakai
느릅나무과

분포 / 전국

특징 / 낙엽 교목. 높이 15m

수피 / 갈색

잎 / 어긋나기. 위가 넓은 달걀형이며 길이는 4~10cm. 가장자리는 이중 톱니, 잎 뒷면 맥과 잎자루에 짧은 털이 있음.

열매 / 시과로 9~14 mm쯤 됨. 끝이 凹형이고 5~6월에 익음. 털이 없거나 끝부분에만 있음.

번식 / 종자

용도 / 약용, 건축재

위부터 열매 / 암꽃

*당느릅나무(*U. davidiana*) : 당느릅은 열매에 털이 있는 반면 느릅나무에는 없다.

*혹느릅나무(for. *suberosa*) : 가지에 코르크가 발달하여 혹처럼 보인다.

*참느릅나무(*U. parvifolia*) : 가장자리의 톱니가 단순한 점이 느릅나무와 다르다.

느릅나무

팽나무

Celtis sinensis Persoon
느릅나무과

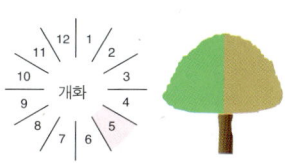

분포 / 함북 이남의 평지
특징 / 낙엽 교목. 높이 20m
수피 / 회색
잎 / 어긋나기. 긴 타원형이며 길이는 3~10cm.
윗부분에만 둔한 톱니가 있음. 3출맥
꽃 / 잡성화
열매 / 핵과. 원형이며 지름은 7~8mm. 과육이 달다.
10월에 적갈색으로 익음.
번식 / 종자, 꺾꽂이
용도 / 정자목, 가구재, 건축재

팽나무 열매

*검팽나무(*C. choseniana*) : 열매가 검게 익는다.
*노랑팽나무(*C. edulis*) : 열매가 노랗게 익는다.

산뽕나무

Morus bombycis Koidzumi
뽕나무과

개화

산뽕나무 열매

분포 / 전국 산야
특징 / 낙엽 교목. 높이 8~15m
수피 / 황색
잎 / 어긋나기. 계란형이고 끝이 꼬리처럼 뾰족해짐.
길이는 2~22cm. 가장자리에 날카로운 톱니가 있음.
꽃 / 암수딴그루. 꼬리 화서
열매 / '오디' 라고 함. 취합과로 원주형이며 길이는 1cm
6~7월에 흑자색으로 익음.
번식 / 꺾꽂이, 실생, 휘묻이
용도 / 양잠용(잎), 식용(열매), 기구재, 제지용

*가새뽕(for. kase) : 잎이 아주 깊게 갈라지는 것
*뽕나무(M. alba) ☞ 「❸권 도시나무 - 봄」 64쪽 : 암술대가 짧고,
잎 끝이 크게 뾰족하지않은 점이 다르다.

위부터 뽕나무 수꽃 / 뽕나무

회잎나무 <small>(참빗나무, 홋잎나무)</small>

Euonymus alatus for. *ciliato-dentatus* Hiyama
노박덩굴과

74

분포 / 전국 산지
특징 / 낙엽 관목. 높이 1.5~3.0m
잎 / 마주나기. 타원형이며 길이는 2~7cm. 가장자리 예리한 톱니가 있음.
꽃 / 취산 화서(3~9개씩). 꽃잎과 꽃받침이 각 4장. 지름 5~7mm, 황록색
열매 / 삭과. 적자색이며 4갈래로 벌어짐. 10월에 익음.
번식 / 꺾꽂이, 종자
용도 / 관상수, 약용

위부터 꽃 / 열매

*화살나무(*E. alatus*) ☞ 『❸권 도시나무-봄』 68쪽 : 가지에 목질 날개가 있는 것

참회나무(회뚝이나무, 회똥나무)

Euonymus oxyphyllus Miquel
노박덩굴과

분포 / 함경도를 제외한 전국 산지
특징 / 낙엽 관목
잎 / 마주나기. 달걀형이며 길이는 3~8cm
가장자리에 안으로 굽은 톱니가 있음.
꽃 / 취산 화서이며 꽃자루가 길다.
꽃받침·꽃잎·수술이 각 5개, 연한 녹색
열매 / 삭과. 구형이며 지름은 1cm.
붉은색으로 10월에 익음. 5갈래로 갈라짐.
번식 / 종자
용도 / 관상수

위부터 꽃 / 열매

*회나무(*E. sachalinensis*) : 6~7월에 자주색 꽃이 피며 열매에 날개 5개가 있다.
*회목나무(*E. pauciflorus*) : 6~7월에 자주색 꽃이 잎 중앙에 붙어서 피며 가지에
코르크질의 돌기가 있음.
*버들회나무(*E. trapococcus*) : 6~7월에 녹색 꽃이 피며, 꽃잎이 4장이다.
잎자루가 길고, 열매에 짧은 날개가 있음.
*나래회나무(*E. macroptera*) : 6~7월에 녹색 꽃이 피며, 꽃잎이 4장이고,
잎자루는 1cm 정도 되고, 열매에 긴 날개가 있음.

물푸레나무

Fraxinus rhynchophylla Hance
물푸레나무과

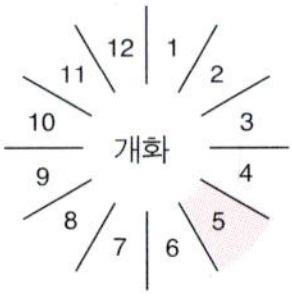

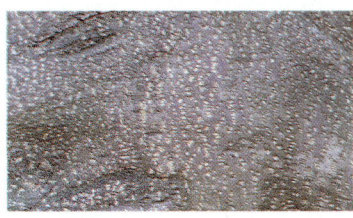

분포 / 전국
특징 / 낙엽 교목. 높이 8~15m
수피 / 회갈색
잎 / 마주나기. 기수 우상 복
엽, 5~7개의 소엽은 길이가 6~
15cm
꽃 / 암수딴그루(간혹 양성화).
원추 화서 또는 복총상 화서.
열매 / 시과이며 길이는 2~
4cm, 9월에 익음.
번식 / 종자
용도 / 기구재, 가구재, 약용,
염료용(수피)

물푸레나무 열매 / 들메나무(아래)

*들메나무(*F. mandshurica*) : 소엽의 수가 보통 9~11개이다.

딱총나무

Sambucus williamsii var. *coreana* Nakai
인동과

80

딱총나무 열매

분포 / 전국 산기슭, 습기 많은 골짜기
특징 / 낙엽 관목. 높이 3~5m
줄기 / 골속은 암갈색
잎 / 마주나기. 기수 우상 복엽
2~3쌍의 소엽은 달걀형이며 길이는 5~15cm
꽃 / 원추 화서의 길이는 5~11cm. 녹황색
열매 / 장과상 핵과로 난원형이며 2~5mm쯤 됨.
7~9월에 붉은색으로 익음.
번식 / 종자
용도 / 관상용, 약용(줄기)

*지렁쿠나무(*S. sieboldiana* var. *miquelii*) : 잎과 화서에 털이 없다.
*말오줌나무(*S. sieboldiana* var. *pendula*) ☞ 『❷권 산나무 - 여름 · 가을』 53쪽 :
화서가 아래로 처지며 잎 가장자리 톱니는 안으로 굽는다.

딱총나무 꽃

흰색

큰꽃으아리(개미머리)

Clematis patens Morren *et* Decaisne
미나리아재비과

분포 / 전국
특징 / 덩굴성 목본. 높이 2m 정도
줄기 / 흑자색이며 세로 능선이 6개
잎 / 마주나기. 3출엽 또는 우상 복엽.
소엽은 달걀형으로 길이는 4~7.5cm이고 가장자리가 밋밋하다.
꽃 / 1개씩 달림. 지름은 8~14cm. 꽃받침잎 8장. 백색 또는 담황색
열매 / 수과. 달걀형, 6~7월에 익음. 황금색 털이 있는 긴 암술대가 달림.
번식 / 종자
용도 / 조경용, 식용

위부터 꽃 / 열매

말발도리

Deutzia parviflora Bunge
수국과

86

분포 / 전국 산지 계곡 바위틈
특징 / 낙엽 관목. 높이 2m
잎 / 마주나기. 달걀형이며 길이는 3~8cm. 뒷면에 성모가 있다.
꽃 / 산방 화서. 꽃잎은 5개이고 지름은 1.2cm
열매 / 삭과. 구형이며 지름은 3~5mm. 털이 있음.
번식 / 종자, 꺾꽂이
용도 / 조경수, 생울타리용

*물참대(*D. glabrata*) : 잎 뒷면과 화서에 털이 없음.

매화말발도리(댕강목)

Deutzia coreana Leveille
수국과

분포 / 황해도 이남

특징 / 낙엽 관목. 높이 1m

잎 / 마주나기. 타원형이며 길이는 4~6cm.
가장자리에 잔 톱니가 있고 양면에 털이 나 있음.

꽃 / 전년도 가지 잎겨드랑이에서 1~3개씩 달림.
꽃잎은 5장이며 길이는 15~20mm

열매 / 삭과로 종 모양임. 3개의 홈이 있고 암술대가 남음.

번식 / 종자, 꺾꽂이

용도 / 관상수

*바위말발도리(*D. prunifolia*) : 1~3개의 꽃이 새로 난 가지에 달림.

고광나무(오이순)

Philadelphus schrenckii Ruprecht
수국과

90

열매

분포 / 전국
특징 / 낙엽 관목. 높이 2~4m
줄기 / 오래된 가지는 회색, 껍질이 벗겨짐.
잎 / 마주나기. 달걀형으로 길이는 7~13cm. 가장자리에
뚜렷하지 않은 톱니가 있고 맥에 털이 약간 있다. 잎은 두껍다.
꽃 / 총상 화서. 꽃잎은 4장, 암술대에는 털이 있다.
열매 / 삭과. 타원형이고 끝이 뾰족하다. 길이 6~9mm
번식 / 종자, 꺾꽂이, 포기나누기
용도 / 관상수, 식용(새 잎)

*섬고광나무(*P. scaber*) : 잎 뒷면에 털이 있다.
*애기고광나무(*P. pekinensis*) : 꽃자루와 암술대에 털이 없다.
*얇은잎고광나무(*P. tenuifolius*) : 잎이 얇은 막질이며 가장자리 톱니가 얕은 것

산조팝나무

Spiraea blumei G. Don
장미과

분포 / 중부 지방
특징 / 낙엽 관목. 높이 2m
잎 / 어긋나기. 넓은 마름모형이며 길이는 3~4cm. 윗부분에 3~5개의
얕은 둥근 결각이 있다. 잎 뒷면은 돌출
꽃 / 산형 화서. 꽃은 10~25개쯤 되고 지름은 0.8cm
열매 / 골돌. 9~10월에 익음.
번식 / 종자, 포기나누기
용도 / 조경용, 관상용

왼쪽 아래부터 산조팝나무 열매 / 꽃

*조팝나무(*S. prunifolia* var. *simpliciflora*) ☞『❸권 도시나무-봄』 84쪽 :
화서에 자루가 없으며, 잎 가장자리 전체에 잔 톱니가 있다.

*인가목조팝나무(*S. chamaedryfolia* var. *ulmifolia*) : 산방상 화서, 잎 전체에
결각이 있다.

*아구장나무(*S. pubescens*) : 잎이 긴 타원형이며 뒷면과 열매의 선에 털이 있다.

산딸기

Rubus crataegifolius Bunge
장미과

94

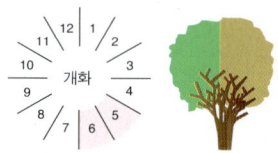

분포 / 전국 산야
특징 / 낙엽 관목. 높이 3m
줄기 / 적갈색
잎 / 어긋나기. 손바닥형, 3~5개의 결각이 있고 가장자리는
이중 톱니이고 잎자루에 갈퀴 같은 가시가 있다.
꽃 / 복산방 화서, 간혹 2~3개 모여 달림. 화관의 지름은 1~1.5cm
열매 / 취합과. 구형으로 크기는 1cm. 8~9월에 홍색으로 익음.
번식 / 꺾꽂이
용도 / 식용, 약용

열매

*멍덕딸기(*R. idaeus* var. *microphyllus*) : 잎이 3출엽이며, 잎 뒷면에 백색 털이 있는 것이 특징이다.

*나무딸기(*R. idaeus* var. *concolor*) : 잎이 3출엽이며, 줄기, 꽃자루 및 잎 뒷면에 털이 전혀 없고 잎자루에도 비교적 선모가 적은 것

*겨울딸기(*R. buergeri*) : 제주도에 자라는 소관목. 잎은 단엽이며 가장자리는 얕게 결각상을 이룸. 백색 꽃, 7~8월 개화

*수리딸기(*R. corchorifolius*) : 긴 달걀형 잎 가장자리에는 불규칙한 잔 톱니가 있으며 하나씩 어긋나게 달림. 백색 꽃이 4~6월에 개화

찔레꽃
(가시나무, 설널레나무, 찔구나무, 사비나무, 질누나무)

Rosa multiflora Thunberg
장미과

96

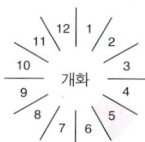

분포 / 전국 산야
특징 / 낙엽 관목
줄기 / 반덩굴성. 어린가지에 가시가 있다.
잎 / 어긋나기. 우상 복엽. 5~9개의 타원형 소엽의 길이는 2~3cm,
가장자리에 잔 톱니가 있다. 탁엽에는 빗살 같은 톱니가 있다.
밑부분의 잎자루와 합쳐짐.
꽃 / 원추 화서. 꽃의 지름은 2cm. 연한 홍색도 있다.
열매 / 수과이며 둥글다. 지름은 8mm이고 9월에 익음.
번식 / 종자, 꺾꽂이
용도 / 관상수, 생울타리용, 식용, 약용

왼쪽부터 열매 / 꽃 / 수피

귀룽나무(귀중목)

Prunus padus Linneaus
장미과

98

분포 / 전국
특징 / 낙엽 교목. 높이 15m
줄기 / 회갈색이며 꺾으면 냄새가 난다.
잎 / 어긋나기. 타원형이며 길이는 4~10cm,
가장자리에 불규칙한 톱니가 있다.
꽃 / 총상 화서의 길이는 7~10cm, 꽃의 지름은 1cm
열매 / 핵과. 구형으로 지름은 8~10mm
홍갈색 또는 흑색으로 6~7월에 익음.
번식 / 종자, 꺾꽂이
용도 / 정원수, 식용, 약용

*흰털귀룽(var. *pubescens*) : 어린가지와 작은 꽃자루에 털이 있고 잎 뒷면에
갈색 털이 촘촘하다.

산이스라지

Prunus ishidoyana Nakai
장미과

분포 / 전국
특징 / 낙엽 관목. 높이 1m
줄기 / 회갈색
잎 / 어긋나기. 달걀 모양이며 길이는 3~7cm
가장자리에 깊은 이중 톱니가 있다.
꽃 / 2~4개 산형으로 달림. 연한 홍색, 잎보다 먼저 개화
열매 / 핵과. 구형이며 붉은색으로 7~8월에 익음.
번식 / 종자, 꺾꽂이, 포기나누기
용도 / 관상수

*이스라지(*P. japonica* var. *nakaii*) : 이스라지는 꽃받침잎에 잔 톱니와 털이 있는
반면, 산이스라지는 꽃받침잎에 파도모양의 톱니가 있고 털은 없으며, 자방과 암
술대에 갈색 털이 촘촘히 나는 점이 다르다.

산사나무(아가위나무, 애광나무)

Crataegus pinnatifida Bunge
장미과

분포 / 전국
특징 / 낙엽 소교목. 높이 6m
줄기 / 회갈색이며 어린가지에 1~2cm의 가시가 있음.
잎 / 어긋나기. 넓은 달걀형으로 길이는 5~10cm.
가장자리가 우상으로 깊게 갈라짐
꽃 / 산방 화서의 지름은 5~8cm.
꽃잎과 꽃받침잎이 각 5장, 꽃의 지름은 1.8cm
열매 / 이과. 구형이며 1.5cm쯤 됨. 붉은색에 백색 반점이 있음.
9~10월에 익음.
번식 / 종자, 꺾꽂이
용도 / 정원수, 식용, 약용

열매

*좁은잎산사(var. *pislosa*) : 잎의 열편이 좁고 꽃자루에 털이 없다.
*넓은잎산사(var. *major*) : 잎이 크고 얕게 갈라지며 열매도 크다.

야광나무_(동배나무)

Malus baccata Borkhausen
장미과

104

위부터 꽃 / 열매

분포 / 중부 이북의 산지
특징 / 낙엽 소교목. 높이 8m
줄기 / 어린가지는 홍갈색
잎 / 어긋나기. 타원형이며 길이는 3~8cm, 가장자리에 잔 톱니가 있다.
꽃 / 4~6개의 산형 화서가 형성됨. 꽃의 지름 3~3.5cm. 백색과 연한 홍색
열매 / 이과. 구형이며 8~10mm쯤 됨. 적색으로 9~10월에 익음.
번식 / 종자
용도 / 정원수, 기구재, 식용

*털야광나무(var. *mandshurica*) : 잎 뒷면과 자루에 털이 없는 것

산돌배

Pyrus ussuriensis Maximowicz
장미과

분포 / 전국
특징 / 낙엽 교목. 높이 10~15m
수피 / 자갈색
잎 / 어긋나기. 달걀형으로 길이는 5~10cm,
가장자리에 침상 톱니가 있다.
꽃 / 5~7개씩 산방 화서를 이룸. 꽃의 지름 3~3.5cm
열매 / 이과. 구형이며 지름은 3~4cm. 황갈색으로 8~10월에 익음.
번식 / 종자
용도 / 공원수, 식용

*문배(var. *seoulensis*) : 꽃이 큰 것
*참배(var. *macrostipes*) : 열매의 지름이 5~6cm, 열매 껍질에 0.5mm 정도의
피목이 퍼져 있는 것

콩배나무

Pyrus calleryana var. fauriei Rehder
장미과

108

분포 / 경기도 이남
특징 / 낙엽 관목. 높이 3m
줄기 / 가시와 어린가지는 자갈색
잎 / 어긋나기. 넓은 달걀형으로 길이는 2~5cm,
가장자리에 둔한 톱니가 있다.
꽃 / 5~9개가 모여 달림.
지름 1.7~2.2cm, 꽃받침잎에는 백색 털이 있다. 백색과 연한 홍색
열매 / 이과. 구형으로 지름은 1~1.5cm. 녹갈색, 검은색으로 10월에 익음.
번식 / 종자, 꺾꽂이
용도 / 관상수, 식용

위부터 열매 / 꽃

팥배나무 (참팥배나무, 범팥배나무)

Sorbus alnifolia K. Koch
장미과

110

열매

분포 / 전국
특징 / 낙엽 교목. 높이 15m
줄기 / 어린가지 피목이 뚜렷함.
잎 / 어긋나기. 달걀형으로 길이는 5~10cm,
가장자리에 불규칙한 톱니가 있다.
꽃 / 6~10개 복산방 화서에 달림. 꽃의 지름 1cm.
꽃받침잎에 백색 털이 있다.
열매 / 이과. 타원형으로 반점이 뚜렷하다. 지름은 1cm, 9월에 익음.
황홍색
번식 / 종자
용도 / 관상수, 기구재, 식용

*벌배(var. *lobulata*) : 잎에 얕은 결각이 있는 것

아까시나무(아카시아)

Robinia pseudoacacia Linneus
콩과

112

분포 / 북미 원산, 1900년 초 도입

특징 / 낙엽 교목. 높이 25m

줄기 / 갈색이며 탁엽이 변한 가시가 있다.

잎 / 어긋나기. 기수 우상 복엽

소엽은 7~19개로 타원형이며 길이는 2.5~4.5cm

꽃 / 총상 화서로 길이는 10~20cm, 꽃은 접형 화관이며 백색.

지름은 15~20mm

열매 / 협과(꼬투리). 넓은 선형, 길이는 5~10cm, 편평하며 9월에 익음.

번식 / 종자, 꺾꽂이

용도 / 밀원 식물, 공원수, 세공재

왼쪽 아래부터 열매 / 꽃

고추나무
(매대나무, 고치때나무, 까자귀나무, 개절초나무, 미영다래나무, 쇠열나무)

Staphylea bumalda Maximowicz
고추나무과

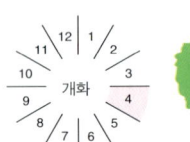  

분포 / 전국

특징 / 낙엽 관목. 높이 3~5m

수피 / 홍갈색

잎 / 마주나기. 3출복엽, 소엽은 타원형으로 길이는 4.5~8cm,
가장자리에 침상의 잔 톱니가 있다.

꽃 / 원추 화서로 길이는 5~8cm. 꽃잎과 꽃받침잎이 각 5장

열매 / 삭과. 고무베개처럼 부푼 반원형. 윗부분은 두 갈래,
길이는 1.5~2.5cm, 끝은 뾰족함. 9~10월에 익음.

번식 / 종자

용도 / 식용, 관상수

왼쪽부터 열매 / 꽃 / 수피

두릅나무(참두릅)

Aralia elata Seemann
두릅나무과

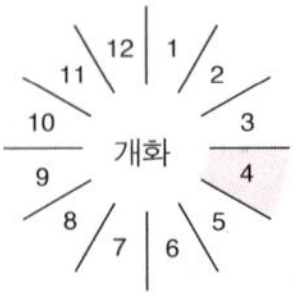

116

새순(왼쪽) / 열매(위)

분포 / 전국

특징 / 낙엽 관목 또는 소교목. 높이 2~6m

줄기 / 회색이며 어린 나무에는 길이 1~3mm의 가시가 있다.

잎 / 어긋나기. 기수 2회 우상 복엽이며 길이는 40~100cm이고
엽축에 가시가 있음. 소엽은 넓은 달걀형으로 길이는 5~12cm,
가장자리에 큰 톱니가 있고 뒷면은 회색이다.

꽃 / 산형상 원추 화서로 길이는 30~45cm,
꽃은 양성화로 지름은 3mm, 백색

열매 / 핵과. 구형으로 지름은 4mm이며 5개의 능선이 있다.
9~10월에 흑색으로 익음.

번식 / 종자, 꺾꽂이, 포기나누기

용도 / 식용, 약용

*둥근잎두릅나무(var. *rotundata*) : 잎이 작고 둥글며 엽축의 가시가 크다.

층층나무(물깨끔나무)

Cornus controversa Hemsley
층층나무과

개화

열매

분포 / 전국
특징 / 낙엽 교목. 높이 20m
수피 / 암회색이며 세로로 얕게 갈라짐.
잎 / 어긋나기. 넓은 달걀형으로 길이는 5~12cm.
뒷면은 백색으로 잔털이 촘촘하고, 측맥은 5~8쌍
꽃 / 지름 5~12cm의 산방 화서. 꽃의 지름은 8mm, 꽃잎은 4장
열매 / 핵과. 구형이며 지름은 6~7mm, 9월에 익음. 자홍색 또는 남흑색
번식 / 종자, 꺾꽂이
용도 / 공원수, 건축재

*말채나무(C. walteri) : 층층나무는 잎이 어긋나는 반면, 말채나무는 마주난다.

노린재나무

Symplocos chinensis for. *pilosa* (Nakai) Ohwi
노린재나무과

분포 / 전국
특징 / 낙엽 관목. 높이 3~4m
줄기 / 어린가지에 털이 있다.
잎 / 어긋나기. 타원형으로
길이는 3~7cm
꽃 / 원추 화서의 길이 4~8cm,
꽃의 지름 8~10mm.
꽃에 향기가 있음.
열매 / 핵과. 타원형이며
지름은 8mm. 8~9월에 익음.
남색
번식 / 종자
용도 / 관상수, 인장재

위부터 열매 / 꽃

*검노린재(*S. paniculata*) : 노린재나무와 달리 어린가지와 잎 뒷면,
화서에 털이 없고 열매가 검은색이다.

쇠물푸레

Fraxinus sieboldiana Blume
물푸레나무과

122

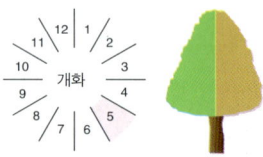

위부터 열매 / 꽃

분포 / 황해도 이남
특징 / 낙엽 소교목. 높이 5~10m
줄기 / 어린가지는 회갈색
잎 / 마주나기. 기수 우상 복엽. 소엽은 5~9개로 달걀형이며
길이는 5~10cm, 가장자리에 간혹 톱니가 있다.
꽃 / 이가화. 원추화서로 길이는 6~12cm. 꽃받침잎이 톱니처럼 작음.
열매 / 시과. 위가 넓은 피침형이며 길이는 2cm. 9월에 익음.
번식 / 종자
용도 / 건축재, 기구재, 관상수

덜꿩나무

Viburnum erosum Thunberg
인동과

124

분포 / 중부 이남 산지

특징 / 낙엽 관목. 높이 2~3m

줄기 / 어린가지에 털이 촘촘함.

잎 / 마주나기, 달걀형으로 길이는 3~11cm. 가장자리에 뾰족한 톱니가 있다. 뒷면에는 털이 촘촘함. 탁엽은 소형으로 뾰족함.

꽃 / 복산형 화서로 지름이 6~8cm이며 털이 있음. 꽃 지름은 6~7mm

열매 / 핵과. 둥근 달걀형으로 지름은 6mm. 9월에 익음. 적색

번식 / 종자, 꺾꽂이, 포기나누기

용도 / 관상용, 식이 식물(야생 조류)

위부터 잎 / 열매

*가막살나무(*V. dilatatum*) : 덜꿩나무와 달리 잎자루의 길이가 6~20mm로 더 길고 탁엽이 없는 것이 다르며 잎맥이 우상으로 갈라지고 잎 양면에 털이 있다.

*산가막살(*V. wrightii*) : 덜꿩나무와 달리 잎자루의 길이가 6~20mm로 더 길고 탁엽이 없으며 잎맥이 장상(손바닥 모양)으로 발달하고 잎에 털이 없다.

댕강나무(맹산댕강나무)

Abelia mosanensis T. Chung
인동과

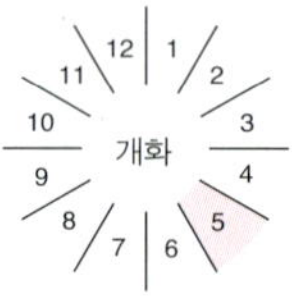

126

개화
12 1 2 3 4 5 6 7 8 9 10 11

분포 / 평남(맹산, 성천), 석회암 지역에 분포
특징 / 낙엽 관목. 높이 2m
줄기 / 세로줄이 있으며, 골속은 백색. 어린가지에 털이 있다.
잎 / 마주나기. 피침형으로 양끝이 좁음. 길이는 3~7cm이며
가장자리에 톱니와 털이 있다.
꽃 / 3개씩 두상으로 달림. 백색이나 연한 홍색으로 길이는 2~2.2cm.
통꽃의 열편은 5개
열매 / 수과. 9월에 익음.
번식 / 꺾꽂이
용도 / 관상용, 식용

꽃댕강나무 열매

*털댕강나무(*A. coreana*) : 꽃이 한 자루에 1~2개씩 달리며 4갈래로 갈라진다.

*꽃댕강나무(*A. grandiflora*) : 중국에서 개발된 원예종으로 반상록성이며 길이 2cm 정도의 큰 꽃이 비교적 많이 달린다.

*줄댕강나무(*A. taihyoni*) : 원줄기에 6줄의 홈이 나 있으며 꽃이 산방상으로 달리고, 길이는 5mm 이하로 작다.

*섬댕강나무(*A. insularis*) : 울릉도에서 자라며 잎에 비교적 큰 결각이 있고 털이 없다.

붉은색

으름

Akebia quinata Decaisne
으름덩굴과

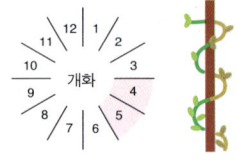

분포 / 황해도 이남 산야
특징 / 낙엽성 덩굴 식물. 높이 5m
잎 / 어긋나기. 장상 복엽. 소엽은 장타원형으로 5장이며
길이는 3~6cm쯤 되고 가장자리가 밋밋하다.
꽃 / 총상 화서. 수꽃은 작고 많다. 암꽃은 크고 수가 적으며
지름은 2~3cm, 보라색(자홍색), 꽃받침잎이 꽃잎처럼 생겼고 3장이다.
열매 / 골돌상 장과. 장타원형, 길이는 6~10cm. 갈색으로 10월에 익음.
번식 / 꺾꽂이, 포기나누기, 종자
용도 / 식용, 약용, 세공재

위부터 열매 / 꽃

줄딸기 <small>(덩굴딸기, 덤불딸기)</small>

Rubus oldhamii Miquel
장미과

132

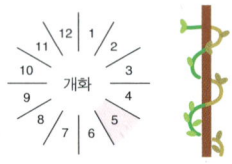

분포 / 전국

특징 / 낙엽 덩굴성 목본. 2m 이상

줄기 / 옆으로 벋고 가시가 있음

잎 / 어긋나기. 우상 복엽. 소엽은 5~9개이며 달걀형. 가장자리에 이중 톱니가 있다.

꽃 / 새 가지 끝에 1개씩 핀다. 꽃자루 길이는 3~4cm, 꽃잎 길이는 1cm. 연한 홍색

열매 / 취합과. 홍색으로 7~8월에 익음.

번식 / 종자, 꺾꽂이

용도 / 식용, 약용

왼쪽 아래부터 열매 / 꽃 / 복분자딸기 꽃 / 복분자딸기 열매

*복분자딸기(*R. coreanus*) ☞ 『❸권 도시나무-봄』 160쪽 : 줄기와 잎이
우상 복엽인 것은 같지만 줄기에 흰빛이 돌고, 꽃잎이 꽃받침잎보다 짧으며
열매가 처음에는 홍색으로 익지만 나중에는 검은색이 된다.

개살구

Prunus mandshurica var. *glabra* Nakai
장미과

134

분포 / 중부 이북
특징 / 낙엽 교목. 높이 5~10m
줄기 / 코르크가 발달해 있다.
잎 / 어긋나기. 넓은 달걀형이
며 길이는 5~12cm.
가장자리에 불규칙한 이중 톱
니가 있다. 양면에 털은 없음.
꽃 / 잎보다 먼저 개화.
지름 2.5~3cm. 꽃자루는 8mm.
연한 홍색
열매 / 핵과. 거의 원형이고
지름은 2~2.5cm. 털이 많고
황색으로 7월에 익음.
번식 / 종자
용도 / 식용, 약용

위부터 꽃 / 열매

*살구(*P. armeniaca* var. *ansu*) ☞『❸권 도시나무-봄』144쪽 : 과수로 심으며,
수피에 코르크질이 발달하지 않고, 열매가 3cm 이상이며, 꽃자루가 거의 없다.

올벚나무_(화엄벚나무)

Prunus pendula for.
ascendens Ohwi
장미과

136

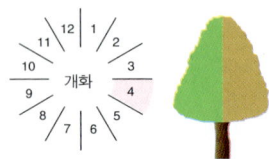

분포 / 황해도, 지리산, 보길도 및 제주도

특징 / 낙엽 교목. 높이 10m

줄기 / 회갈색. 어린가지는 자주색

잎 / 어긋나기. 긴 타원형이며 길이는 6~10cm. 가장자리에
예리한 톱니 또는 이중 톱니가 있다. 뒷면 맥 위에 털이 있다.

꽃 / 2~5개씩 산형상으로 달림. 작은꽃자루의 길이는 8~10mm이며
털이 있음. 지름은 1.5~1.8cm. 연한 홍색. 잎보다 먼저 개화

열매 / 핵과. 구형이며 흑색으로 6~7월에 익음.

번식 / 종자

용도 / 관상수, 식용

위부터 꽃차례 / 잎

처진올벚나무(위), 왕벚나무(아래)

*왕벚나무(*P. yedoensis*) ☞『❸권 도시나무-봄』90쪽 : 암술대에 털이 있으며 꽃받침 통이 부풀어 있다.

*벚나무(*P. serrulata* var. *spontanea*) ☞『❸권 도시나무-봄』150쪽 : 암술대, 꽃자루, 잎의 양면에 모두 털이 없고, 잎 뒷면도 녹색이다.

*산벚나무 ☞139쪽 : 꽃이 피면서 잎이 나기 시작하고 암술대, 꽃자루에 모두 털이 없다. 잎 뒷면에는 흰빛이 돌며 털이 있다.

산벚나무

Prunus sargentii Rehder
장미과

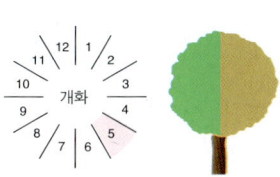

분포 / 전국

특징 / 낙엽 교목

줄기 / 흑갈색. 어린가지가 굵다.

잎 / 어긋나기. 타원형으로 길이는 8~12cm. 양면에 털은 없고
잎자루 길이는 1.5~3cm. 적자색

꽃 / 산형상. 지름은 2.5~4cm. 백색 또는 연한 홍색으로 5월 개화

열매 / 핵과. 구형이며 흑색

번식 / 종자, 접목

용도 / 관상수, 가구재, 건축재

아그배나무

Malus sieboldii Rehder
장미과

140

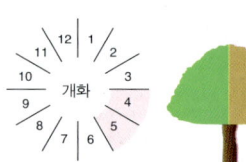

분포 / 황해도 이남
특징 / 낙엽 소교목. 높이 2~6m
줄기 / 어린가지에 자갈색 털이 있음.
잎 / 어긋나기. 달걀형으로 길이는 3~7cm. 가장자리에 예리한 톱니가
있고, 간혹 긴 가지의 잎이 3~5갈래임.
꽃 / 4~5개씩 산형상으로 달림. 작은 꽃자루의 길이는 2~3cm.
지름 2~3cm. 연분홍색이나 백색
열매 / 핵과. 구형. 지름은 6~8mm. 황색 또는 홍색이며 9~10월에 익음.
번식 / 종자
용도 / 관상수, 기구재

아그배나무 열매

꽃아그배나무(*M. floribunda*) : 원예 품종. 긴 가지의 잎은 갈라지지 않고
잎 가장자리가 날카로운 톱니 모양이며 꽃받침통보다 꽃받침 열편이 길다.

진달래 (참꽃나무)

Rhododendron mucronulatum Turczaninov
진달래과

142

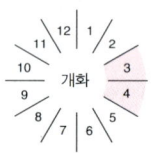

분포 / 전국
특징 / 낙엽 관목. 높이 2~3m
잎 / 어긋나기. 긴 타원형으로 길이는 4~7cm. 뒷면에 비늘조각 같은
것이 난다.
꽃 / 벌어진 깔때기 모양으로 지름은 3~4.5cm. 진한 분홍색으로 잎보다
먼저 개화
열매 / 삭과. 원통형으로 길이는 2cm. 8~9월에 익음.
번식 / 종자
용도 / 관상수, 식용

위부터 진달래 꽃 / 흰진달래 꽃

*흰진달래(*R. mucronulatum* for. *albiflorum*) : 백색 꽃이 핀다.
*털진달래(*R. mucronulatum* var. *ciliatum*) : 어린가지와 잎에 털이 있다.
*왕진달래(*R. mucronulatum* var. *latifolium*, 넓은잎진달래) : 잎이 넓은 타원형 또는
달걀형이며 털이 있다.
*철쭉꽃(*R. schlippenbachii*) ☞148쪽 : 꽃이 연한 분홍색이며 잎이 둥근 달걀형이다.

진달래

참꽃나무 <small>(제주참꽃나무, 신달위)</small>

Rhododendron weyrichii Maximowicz
진달래과

146

개화

위부터 꽃 / 열매

분포 / 제주도 한라산
특징 / 낙엽 관목. 높이 3~6m
줄기 / 어린가지는 자주색
잎 / 어긋나기. 가지 끝에 2~3개씩 달림.
넓은 달걀형으로 길이는 3.5~8cm. 잎자루 길이는 0.5~1cm
꽃 / 깔때기 모양. 지름은 3.5~6cm이며 붉은색.
꽃자루 등에 갈색 털이 촘촘함.
열매 / 삭과. 원통형으로 길이는 1~2cm. 9월에 익음.
번식 / 종자, 꺾꽂이
용도 / 관상수

철쭉꽃_(개꽃)

철쭉꽃(개꽃)

Rhododendron schlippenbachii
Maximowicz
진달래과

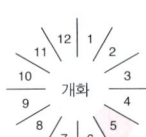

분포 / 전국

특징 / 낙엽 관목. 높이 2~5m

줄기 / 회갈색이며 오래되면 갈라짐.

잎 / 어긋나기. 가지 끝에 5개씩 달림. 위가 넓은 달걀 모양. 길이는 5~10cm

꽃 / 깔때기 모양. 연한 분홍색이며 꽃잎 안쪽에 적자색 반점이 있다.

열매 / 삭과. 위가 넓은 긴 달걀형으로 길이는 1.5cm이며

털이 있고 10월에 익음.

번식 / 종자

용도 / 관상수, 조각재

철쭉 원예 품종(왼쪽) / 산철쭉(오른쪽)

*산철쭉(*R. yedoense* var. *poukhanense*) ☞ 『❸권 도시나무 - 봄』 180쪽 :
철쭉꽃과 달리 꽃이 진한 분홍색이며, 잎에 털이 없으며 긴 타원형이다.

*흰철쭉(*R. schlippenbachii* for. *albiflorum*) : 백색 꽃이 핀다.

올괴불나무

Lonicera praeflorens Batalin
인동과

150

분포 / 전국

특징 / 낙엽 관목. 높이 2m

줄기 / 골속이 충실함. 어린가지는 황갈색으로 털과 흑색 반점이 있다.

잎 / 마주나기. 달걀형으로 길이는 3~6cm. 털이 있다.

꽃 / 전년도 가지 끝에 2개씩 달림. 꽃자루 길이는 2~3mm이며
포가 다소 크다. 연한 홍색. 벌어진 입술 모양이고, 통부가 짧음.
잎보다 먼저 개화

열매 / 장과. 2개씩 기부만 붙고 서로 떨어짐. 구형으로 지름은 8mm
홍색으로 5월에 익음.

번식 / 종자, 꺾꽂이

용도 / 관상용, 생울타리용

왼쪽 아래부터 열매 / 줄기 / 꽃

*괴불나무(*L. maackii*) ☞『❸권 도시나무 - 봄』128쪽 : 가지 속이 비어 있고
꽃은 백색에서 황색으로 변한다.
*홍괴불나무(*L. sachalinensis*) : 꽃은 진한 홍색이고, 포가 작다.
*청괴불나무(*L. subsessilis*) : 열매는 윗부분까지 붙어 있고 꽃은 잎이 있을 때
피며 잎에 털이 전혀 없다.

위부터 홍괴불나무 / 괴불나무

노란색

청미래덩굴
(망개나무, 명감)

Smilax china L.
백합과

154

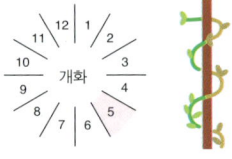

분포 / 황해도 이남
특징 / 낙엽 덩굴성. 길이 3m
줄기 / 마디에서 굽어 자람.
갈고리 같은 가시가 있음.
잎 / 어긋나기. 원형으로
길이는 3~10cm. 두껍고 질기며
기부에 5~7개의 맥이 있다.
꽃 / 암수딴그루. 산형 화서.
화피 열편 6개가 뒤로 말림.
열매 / 장과. 구형으로 지름이
1cm. 홍색이며 9~10월에 익음.
번식 / 종자, 꺾꽂이
용도 / 약용(뿌리), 식용(열매), 관상용

위부터 열매 / 꽃

* **청가시덩굴**(*S. sieboldii*) : 잎 가장자리가 구불거리고 열매는 지름이 7~9mm이며
검은색으로 익는다.

왕버들(버드나무)

Salix glandulosa Seemann
버드나무과

156

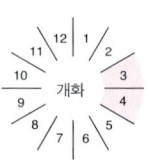

분포 / 중부 이남
특징 / 낙엽 교목.
높이 20m
줄기 / 깊게 갈라짐.
흑갈색
잎 / 어긋나기. 타원형으
로 끝이 길고 뾰족함. 길
이는 5~10cm. 가장자리
에 잔 톱니가 있다.
꽃 / 암수딴그루. 꼬리
화서. 수꽃 화서의 길이
는 3~5cm, 암꽃 화서는
10~15cm. 잎이 피기 전
개화
열매 / 삭과. 길이 5~10
cm. 열매이삭에 40~60
씩 달림. 5~6월에 익음.
번식 / 꺾꽂이
용도 / 공원수, 펄프재,
조림수

위부터 열매 / 수꽃

위부터 왕버들의 오래된 줄기 / 청송 부곡동 천연기념물 제297호

* **털왕버들**(var. *pilosa*) : 가지와 잎자루에 털이 있다.

호랑버들<small>(호랑이버들)</small>

Salix hulteni Floderus
버드나무과

위부터 수꽃 / 잎

분포 / 전국
특징 / 낙엽 소교목
잎 / 어긋나기. 긴 타원형이며 뒷면에 백색 털이 촘촘함.
꽃 / 꼬리 화서. 길이는 2~3cm로 타원형. 포는 피침상
열매 / 삭과
번식 / 꺾꽂이, 종자
용도 / 사방수, 정원수, 꽃꽂이 소재

* **떡버들**(*S. hallaisanensis*) : 호랑버들과 거의 비슷하나 잎이 넓은 달걀형이고,
수술대 밑부분에 털이 있고, 암술대와 암술머리 사이에 턱이 지지 않는 것이 다르다.

갯버들(버들개지)

Salix gracilistyla Miquel
버드나무과

160

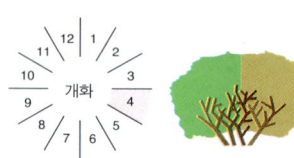

수꽃

분포 / 전국 냇가나 습지

특징 / 낙엽 관목. 높이 2m

줄기 / 많이 나옴. 어린가지는 황록색

잎 / 어긋나기. 위가 넓은 피침형으로 길이는 3~12cm.
뒷면의 털은 흰빛이 남.

꽃 / 꼬리 화서. 수꽃 화서의 길이는 3~3.5cm, 암꽃 화서는 2~5cm.
잎보다 먼저 개화

열매 / 삭과. 열매이삭에 달림. 긴 타원형이며 길이는 3mm.
털이 있으며 5월에 익음.

번식 / 꺾꽂이

용도 / 꽃꽂이 소재, 방수림

* **눈갯버들**(*Salix graciliglans*) : 갯버들과 달리 잎 뒷면에 털이 없고,
포에도 기부 외에는 털이 없다.

거제수나무(물자작나무)

Betula costata Trauttvetter
자작나무과

162

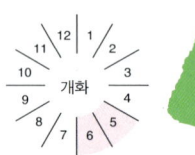

개화

분포 / 남부 고산 및 중부 이북
특징 / 낙엽 교목. 높이 30m
줄기 / 회백색(백색). 종이처럼
벗겨짐. 피목은 옆으로 길다.
잎 / 어긋나기. 달걀형으로 길
이는 3~7cm. 끝이 좁고 길게
뾰족함. 측맥은 10~16쌍. 가장
자리는 이중 톱니, 잎자루의 길
이는 0.8~2cm

위부터 열매 / 수꽃

꽃 / 암수한그루. 수꽃 화서가
아래로 처지고 암꽃 화서는 달걀형으로 바로 섬.
열매 / 소견과. 열매이삭(과수). 타원주상으로 길이는 2cm 정도 되며
위로 향함. 소견과의 길이는 3mm. 견과의 너비보다 좁은 날개가 있다.
8~9월에 익음.
번식 / 종자
용도 / 약용, 건축재, 가구재

* **자작나무**(*B. platyphylla var. japonica*) ☞『❸권 도시나무 - 봄』190쪽 :
북부 지방에서 자생하고, 수피는 순백에 가깝고, 측맥은 7쌍 이하이다.
* **사스래나무**(*B. ermanii*) : 수피의 피목이 둥글고 측맥은 7~11쌍이다.

오리나무

Alnus japonica (Thunberg) Steudel
자작나무과

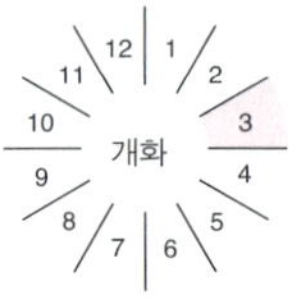

164

열매

분포 / 전국
특징 / 낙엽 교목. 높이 20m
줄기 / 회갈색. 동아 대가 있고
능선은 3개
잎 / 어긋나기. 타원형으로 길
이는 4~12cm. 측맥은 7~10쌍.
가장자리에 잔 톱니가 있다.
잎자루의 길이는 1~3cm.
털이 있음.
꽃 / 암수한그루. 수꽃 화서는
아래로 처지고 암꽃 화서는 긴 달걀형
열매 / 소견과로 길이는 3~4mm.
길이 1.2~2cm의 타원형 열매이삭에 달림. 10월에 익음.
번식 / 종자
용도 / 기구재, 건축재, 악기재

수꽃   암꽃

* **물오리나무** ☞166쪽 : 잎이 넓은 달걀형이며 2중 톱니가 있는 것이 다르다.
* **사방오리** ☞168쪽 : 사방용으로 조림하며, 겨울눈에 대가 없고
아린은 여러 겹이며, 잎 가장자리에 불규칙한 잔 톱니가 있다.

물오리나무(산오리)

Alnus hirsuta (Spach) Ruprecht
자작나무과

166

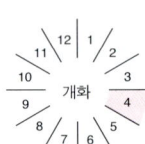

열매

분포 / 중부 이북
특징 / 낙엽 교목. 높이 20m
줄기 / 회갈색
잎 / 어긋나기. 넓은 달걀형으로 길이는 8~14cm.
가장자리에 5~8갈래의 얕은 이중 톱니가 있음. 잎자루의 길이는 2~4cm
꽃 / 암수한그루. 수꽃 화서는 아래로 처지며 2~4개씩 달림.
열매 / 소견과. 좁은 날개가 있고, 길이 1.5~2cm의 타원형 열매이삭에 달림.
10월에 익음.
번식 / 종자
용도 / 사방용, 기구재, 염료용, 약용

수꽃(왼쪽) / 암꽃(오른쪽)

사방오리

Alnus firma Siebold *et* Zuccarini
자작나무과

분포 / 일본 원산. 전국에서 심음.

특징 / 낙엽 소교목. 높이 7m

줄기 / 회갈색

잎 / 어긋나기. 긴 달걀형으로 길이는 5~10cm. 뒷면에 털이 있고
가장자리는 이중 톱니이다.

꽃 / 암수한그루. 수꽃 화서는 4~5cm쯤 되며 녹황색,
암꽃 화서는 붉은색으로 길이는 2cm

열매 / 소견과. 짧은 날개(1/2)가 있음. 길이 2~2.5cm의
타원형 열매이삭에 달림. 10월에 익음.

번식 / 종자

용도 / 사방용, 기구재, 염료용

위부터 열매 / 수꽃

까치박달

Carpinus cordata Blume
자작나무과

170

위부터 수꽃 / 열매

분포 / 전국

특징 / 낙엽 교목. 높이 18m

줄기 / 회색(흑회색)으로 세로로 갈라짐

잎 / 어긋나기. 타원형으로 길이는 8~15cm. 밑부분은 심장형이며
가장자리에 불규칙한 톱니가 있음. 측맥은 15~20쌍

꽃 / 암수한그루. 수꽃 화서는 어린가지 끝에 달리며 길이는 1~6cm,
암꽃 화서는 밑으로 처짐.

열매 / 소견과로 긴 원형이며 길이는 3~4mm. 열매이삭의 길이는
5~12cm, 과포 길이는 1.5~2.5cm. 윗부분에 날카로운 톱니가 있다.
10월에 익음.

번식 / 종자

용도 / 기구재

* **서어나무** ☞172쪽 : 잎맥이 10~12쌍으로 까치박달보다 적다.

서어나무_(서나무)

Carpinus laxiflora (Sieb. *et* Zucc.) Blume
자작나무과

172

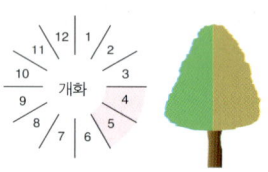

분포 / 황해도 이남
특징 / 낙엽 교목. 높이 10~15m
줄기 / 회색으로 울퉁불퉁함.
잎 / 어긋나기. 긴 달걀형으로 길이는 5~7cm. 가장자리에
이중 톱니가 있고, 측맥은 10(7)~12쌍. 뒷면 맥 사이에 털이 없음.
꽃 / 암수한그루. 수꽃 화서는 밑으로 처치며 황갈색임.
암꽃 화서에 대가 있음.
열매 / 소견과 달걀형, 열매이삭은 7cm. 과포가 엉성하게 달림.
길이 1.5cm 3열, 한 쪽면만 톱니가 있다. 9~10월에 익음.
번식 / 종자
용도 / 건축재, 기구재

수꽃

* **개서어나무**(*C. tschonoskii*) : 서어나무와 달리 뒷면 맥 사이에도 털이 있다.

소사나무

Carpinus coreana Nakai
자작나무과

174

위부터 수꽃 / 암꽃

분포 / 우리 나라 특산. 중부 이남, 해안
특징 / 낙엽 소교목. 높이 10m
줄기 / 암갈색으로 굴곡이 짐.
잎 / 어긋나기. 달걀형으로 길이는 2~5cm. 가장자리에
이중 톱니가 있고, 측맥은 10~12쌍. 잎자루의 길이는 0.5~1cm
꽃 / 암수한그루. 수꽃 화서는 밑으로 처짐. 암꽃 화서에 대가 있고
길이는 2~3cm
열매 / 소견과로 달걀형이며 길이는 5mm. 열매이삭은 2~3cm.
포에는 4~6개 반달걀형 톱니가 있음. 10월에 익음.
번식 / 종자
용도 / 관상수, 기구재

개암나무

Corylus heterophylla var.
thunbergii Blume

자작나무과

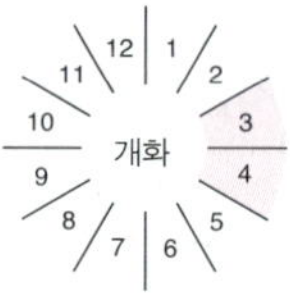

열매

분포 / 전국
특징 / 낙엽 소교목(흔히 관목상). 높이 7m
줄기 / 회갈색. 어린가지에 털이 있음.
잎 / 어긋나기. 위가 넓은 달걀형으로 길이는 5~12cm.
끝부분은 뾰족하고 표면에 자주색 점이 있다. 뒷면에 털이 있고,
가장자리에 불규칙한 톱니가 발달함.
꽃 / 암수한그루. 수꽃 화서는 길게 처짐. 암꽃 화서에는 타원형의
붉은 암술대가 나옴.
열매 / 견과. 구형으로 지름은 1.5~3cm. 과포 2개가 잎처럼 발달함.
갈색이며 9월에 익음.
번식 / 종자, 접목, 뿌리나누기
용도 / 식용, 약용

개암나무의 수꽃

* **난티잎개암나무**(*C. heterophylla*) : 잎의 윗부분이 편평하고(불규칙한 톱니).
가운데가 뾰족하게 돌출한다.

참개암나무(참깨금)

Corylus sieboldiana Blume
자작나무과

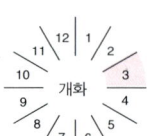

분포 / 전국
특징 / 낙엽 관목.
높이 4~6m
줄기 / 회갈색.
어린가지에 털이 있다.
잎 / 어긋나기. 위가 넓
은 달걀형이며 길이는
4~10cm. 가장자리는 이
중 톱니로 되어 있고,
잎자루는 1~2cm쯤 되
며 털이 있다.

위부터 암꽃 / 열매

꽃 / 수꽃 화서의 길이는 13~14cm이며 꽃이 2~4개씩 달림.
암꽃 화서는 타원형으로 자주색.
열매 / 견과. 길이는 2cm이며 달걀형. 총포의 길이는 5~7cm이며
급격히 좁아짐. 표면에 갈색 털이 밀생함. 10월에 익음.
번식 / 종자, 뿌리나누기
용도 / 식용, 약용

* **물개암나무(var. *mandshurica*)** : 잎 윗부분에 결각이 있다. 열매의 총포는
길이가 4~5cm로 윗부분이 좁아지지 않고 결각이 심하다.

너도밤나무

Fagus crenata var. *multinervis*
T. Lee
참나무과

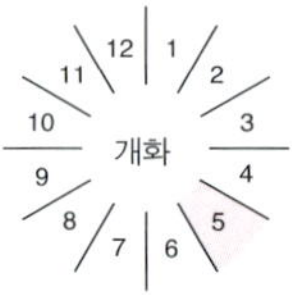

180

개화

위부터 꽃 / 열매

분포 / 울릉도 특산
특징 / 낙엽 교목. 높이 30m
수피 / 회백색
잎 / 어긋나기. 달걀형이며 가장자리에 얕은 톱니가 있다.
길이는 6~12cm, 9~13쌍의 측맥이 있다.
꽃 / 암수한그루. 수꽃은 두상 화서로 꽃자루의 길이 2.5cm.
암꽃은 2개씩 달림.
열매 / 견과. 세모진 구형. 총포는 목질로 가시처럼 억셈. 10월에 익음.
번식 / 종자
용도 / 조림수, 건축재, 기구재, 가구재

굴참나무

Quercus variabilis Blume
참나무과

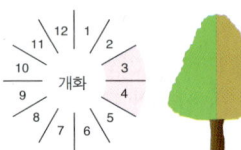

각두

위부터 수꽃 / 열매

분포 / 중부 이남
특징 / 낙엽 교목. 높이 30m
줄기 / 두꺼운 코르크가 발달함. 어린가지는 회갈색
잎 / 어긋나기. 피침형으로 길이는 8~15cm. 뒷면은 회백색이며
털이 밀생함. 잎자루는 1~3cm
꽃 / 암수한그루. 수꽃 화서는 꼬리 화서로 길이는 14cm 정도.
암꽃 화서는 잎겨드랑이에 달림.
열매 / 견과(도토리)로 구형이며 길이는 1.5cm. 각두가 견과를
2/3쯤 감쌈. 포린은 뒤로 젖혀짐. 다음해 9~10월에 익음.
번식 / 종자
용도 / 조림수, 식용, 코르크재, 기구재

갈참나무

Quercus aliena Blume
참나무과

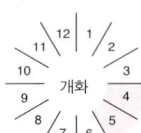

분포 / 전국
특징 / 낙엽 교목.
높이 25m
줄기 / 수피가 두꺼움
잎 / 어긋나기. 위가 넓은 달걀형이며 밑부분은 좁아짐. 가장자리는 파도 모양. 길이는 10~30cm. 잎자루는 5mm이하. 뒷면에 황갈색 털이 촘촘함.
꽃 / 암수한그루. 수꽃 화서는 꼬리 화서로 길이가 4cm. 암꽃 화서의 길이는 1~3cm로 위로 선다.
열매 / 견과(도토리)로 달걀형. 길이는 1.5~2cm, 각두가 견과를 1/2 이상 감싼다. 포린은 두껍고 질기며 뒤로 젖혀짐. 9~10월에 익음.
번식 / 종자, 맹아
용도 / 식용(열매), 탈취제(잎), 약용

위부터 수꽃 / 열매

* **신갈나무** ☞188쪽 : 견과는 달걀형으로 지름은 1~2cm, 길이는 1.7~2.2cm. 잎 가장자리는 파도 모양으로 구불거리며 잎자루는 거의 없다.
* **떡갈나무** ☞190쪽 : 잎은 크고, 잎 가장자리는 파도 모양으로 구불거리며 잎 뒷면에 황색 털이 촘촘히 난다.
* **졸참나무** ☞195쪽 : 잎과 열매의 크기가 작으며 잎 가장자리에 톱니가 있고 그 끝은 안으로 굽는다.
* **상수리나무** ☞193쪽 : 잎이 피침형이며 위가 넓고 가장자리에 침 같은 톱니가 있다.
* **굴참나무** ☞182쪽 : 잎이 피침형이며 가장자리에 침 같은 톱니가 있다. 뒷면에 털이 촘촘하여 희게 보이고 수피에는 코르크층이 발달해 있다.

갈참나무 자생지

신갈나무

Quercus mongolica Fischer
et Turczaninov
참나무과

188

왼쪽 위 열매 / 수꽃

분포 / 전국

특징 / 낙엽 교목. 높이 30m

수피 / 흑갈색이며 세로로 갈라짐.

잎 / 어긋나기. 위가 넓은 달걀형이며 길이는 7~20cm. 밑부분은
귀 모양, 가장자리는 파도 모양으로 톱니가 있다. 잎맥은 7~11쌍

꽃 / 암수한그루. 수꽃 화서는 꼬리 화서로 길이는 5~7cm.
암꽃 화서의 길이는 1cm이며 암꽃이 4~5개쯤 달린다.

열매 / 견과(도토리). 달걀형이며 길이는 2~2.3cm.
각두가 견과를 1/2 이하로 감쌈. 9~10월에 익음.

번식 / 종자

용도 / 식용(열매), 조림수, 표고 재배목, 숯 제작

떡갈나무

Quercus dentata Thunberg
참나무과

190

개화

단풍이 든 떡갈나무

분포 / 전국
특징 / 낙엽 교목. 높이 25m
수피 / 두꺼움
잎 / 어긋나기. 위가 넓은 달걀형이며 밑부분은 귀 모양으로 늘어짐.
가장자리는 파도 모양. 길이는 10~30cm. 잎자루는 5mm 이하.
뒷면에 황갈색 털이 촘촘함.
꽃 / 암수한그루. 수꽃 화서는 꼬리 화서로 길이가 4cm.
암꽃 화서의 길이는 1~3cm로 위로 선다.
열매 / 견과(도토리)로 달걀형. 길이는 1.5~2cm, 각두가 견과를
1/2 이상 감싼다. 포린은 두껍고 질기며 뒤로 젖혀짐. 9~10월에 익음.
번식 / 종자, 맹아
용도 / 식용(열매), 탈취제(잎), 약용

떡갈나무 열매 / 수꽃

상수리나무 (참나무, 도토리나무)

Quercus acutissima Carr.
참나무과

분포 / 평안도와 함남 이남
특징 / 낙엽 교목. 높이 30m
수피 / 밤색
잎 / 어긋나기. 피침형으로 길이는 8~19cm. 가장자리에 침 같은
톱니(엽침)가 있다. 잎자루의 길이는 1~3cm
꽃 / 암수한그루. 수꽃 화서는 유이화서로 길이 6~12cm.
암꽃 화서는 위로 서고 1~3개의 암꽃이 달림.
열매 / 견과(도토리)로 달걀형이며, 지름은 1~2cm. 각두가 견과 1/2쯤
둘러쌈. 포린은 뒤로 젖혀짐. 다음해 9~10월에 익음.
번식 / 종자, 맹아
용도 / 식용(열매), 관상수, 용재수, 표고목, 신탄재

열매

졸참나무

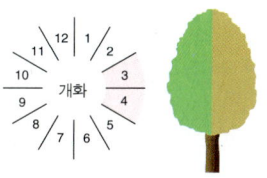

Quercus serrata Thunberg
참나무과

개화

꽃

분포 / 전국

특징 / 낙엽 교목. 높이 25m

수피 / 회백색. 세로 골이 파임.

잎 / 어긋나기. 위가 넓은 긴 달걀형으로 길이는 7~17cm. 가장자리에
끝이 안으로 굽은 좁은 톱니가 있다. 뒷면에 털이 있음. 잎맥은 7~12쌍

꽃 / 암수한그루. 수꽃 화서는 꼬리 화서로 길이 8~12cm.
암꽃 화서는 1.5~3cm

열매 / 견과(도토리)로 타원형이며 길이 1.7~2cm. 각두가
견과 1/3미만을 감쌈. 9~10월에 익음.

번식 / 종자

용도 / 조림수, 식용(열매), 신탄재, 표고재, 기구재

졸참나무

가시나무(졍가시나무)

Quercus myrsinaefolia Blume
참나무과

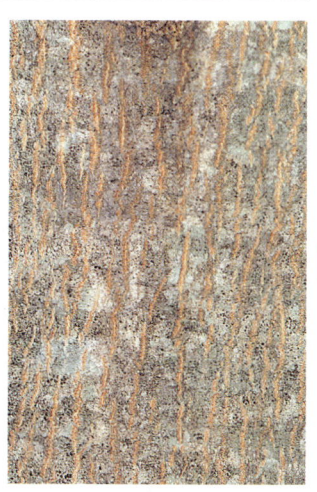

분포 / 제주도 및 남쪽 섬
특징 / 상록 활엽 교목. 높이 20m
수피 / 흑회색
잎 / 어긋나기. 달걀상 피침형으로 길이는 7~12cm. 가장자리 상반부에만
예리한 톱니가 있다. 측맥은 9~14쌍. 뒷면은 회백색이며 털은 없음.
잎자루의 길이는 1~2.5cm
꽃 / 암수한그루. 수꽃 화서는 꼬리 화서로 길이 4~6cm. 암꽃 화서의
길이는 1.5~3cm
열매 / 견과로 타원형이며 길이는 1.4~2.5cm. 각두가 견과를 1/3~1/2
감싸며, 길이 5~8mm의 동심환이 6~9개 있음. 10월에 익음.
번식 / 종자
용도 / 방풍수, 관상수, 식용, 기구재, 건축재

왼쪽 위부터 열매 / 수꽃 / 가시나무 암꽃

* **붉가시나무** ☞200쪽 : 잎 가장자리에 거의 톱니가 없다.
* **종가시나무** ☞202쪽 : 잎 가장자리에 5개 내외의 톱니가 있고 잎 뒷면은 회색이며 털이 있다.
* **참가시나무**(*Q. stenophylla*) : 잎 뒷면에 털이 있고 백분으로 덮여 희게 보이며 측맥은 10~12쌍이다.
* **개사시나무**(*Q. gilva*) : 잎 뒷면에 황갈색 털이 촘촘히 나며 잎은 위가 넓은 달걀형이다.
* **졸가시나무**(*Q. phillyraeoides*) : 잎 뒷면은 연한 녹색이며 측맥은 6~9쌍이다.

붉가시나무(가새나무)

Quercus acuta Thunberg
참나무과

200

위부터 수꽃 / 열매

분포 / 남쪽 섬 및 해안
특징 / 상록 활엽 교목. 높이 20m
수피 / 암갈색이며 약간 벗겨짐.
잎 / 어긋나기. 긴 타원형으로 길이는 7~13cm. 가장자리에 톱니가
거의 없음. 측맥은 9~13쌍이며 뒷면은 황록색
꽃 / 암수한그루. 수꽃 화서는 꼬리 화서이며 길이는 6~7cm.
암꽃 화서에는 암꽃이 2~5개 달림.
열매 / 견과(도토리)는 타원형이며 길이는 2cm. 각두가 견과를
1/3~1/2 정도 감쌈. 동심환은 5~6개. 9~10월에 익음.
번식 / 종자
용도 / 건축재, 식용

종가시나무(석소리)

Quercus glauca Thunberg
참나무과

202

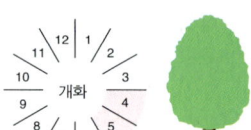

위부터 열매 / 꽃

분포 / 제주도와 외나로도 등

특징 / 상록 활엽 교목. 높이 20m

수피 / 흑회색이며, 갈라지지 않음

잎 / 어긋나기. 위가 넓은 긴 달걀형으로 길이는 6~13cm. 가장자리 상단부에 안으로 향한 톱니가 있다. 뒷면은 회백색이며 털이 촘촘히 남. 잎자루는 1~3cm

꽃 / 암수한그루. 수꽃 화서는 꼬리 화서이며 길이는 5~6cm. 암꽃 화서는 1.5~3cm이며 암꽃 2~3개가 달림.

열매 / 견과로 긴타원형이며 길이 1~1.6cm. 각두가 견과를 1/3~1/2 정도 감쌈. 동심환은 5~8개. 10월에 익음.

번식 / 종자

용도 / 가로수, 식용, 기구재, 건축재

겨우살이 (겨우사리, 동청)

Viscum album var. *coloratum* Ohwi
겨우살이과

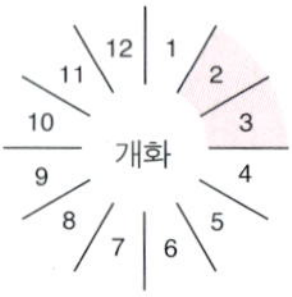

204

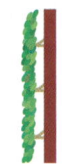

왼쪽 위 수꽃 / 열매와 잎

분포 / 전국
특징 / 상록성 기생 관목. 새둥지처럼 자람. 높이 30~60cm
줄기 / 2개씩 갈라짐. 황록색이며 마디 사이는 3~6cm
잎 / 마주나기. 피침형이며 길이는 3~6cm
꽃 / 암수딴그루. 황색이며 꽃자루가 없음. 소포는 술잔 모양.
화피는 종 모양으로 4갈래로 갈라짐.
열매 / 장과로 구형이며 지름은 6mm. 반투명하며 연한 황색.
10~12월에 익음.
번식 / 종자
용도 / 약용

* 붉은겨우살이(for. *rubroaurantiacum*) : 열매의 색깔이 붉다.

등칡 <small>(큰쥐방울)</small>

Aristolochia manshuriensis
Komarov
쥐방울덩굴과

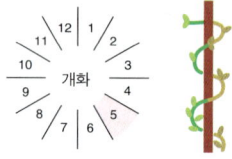

왼쪽 위부터 꽃 / 열매 / 꽃과 잎

분포 / 주로 중부 이북
특징 / 낙엽 덩굴성. 길이 10m
줄기 / 갈고리 같은 가시가 있음.
잎 / 마주나기. 원형으로 길이는 10~26cm. 밑부분은 심장형이며
가장자리에 톱니가 없음.
꽃 / U자형 통 모양의 꽃. 상반부가 3갈래로 갈라짐.
열매 / 삭과이며 장타원형. 6개의 능선이 있고, 길이는 10cm.
9~10월에 익음.
번식 / 종자, 꺾꽂이, 휘묻이
용도 / 약용, 관상용

생강나무(아위나무)

Lindera obtusiloba Blume
녹나무과

208

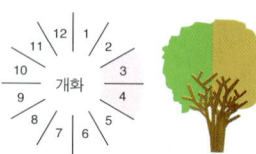

위부터 꽃 / 열매

분포 / 전국
특징 / 낙엽 소교목으로 대개는 관목상. 높이 10m
줄기 / 흑회색. 어린가지는 황록색
잎 / 어긋나기. 원형에 가까운 난형으로 길이는 5.5~10cm.
끝부분이 3~5갈래임. 뒷면에 황색털이 있고 3출맥이다.
꽃 / 암수딴그루. 5~6개씩 산형 화서에 달림. 화피는 5장.
잎보다 먼저 개화
열매 / 장과로 구형이다. 지름 8mm. 흑자색으로 9월에 익음.
번식 / 종자
용도 / 약용, 관상수

비목나무_(보안목)

Lindera erythrocarpa Makino
녹나무과

위부터 열매 / 꽃

분포 / 황해도 이남

특징 / 낙엽 소교목. 높이 5m

줄기 / 회갈색. 피목이 뚜렷하고 작은 조각으로 떨어짐.

잎 / 어긋나기. 위가 넓은 피침형으로 길이는 9~12cm.

밑부분이 날개상으로 흐름. 우상 맥은 4~5쌍. 잎자루는 0.5~1cm

꽃 / 암수딴그루. 15~17개의 산형 화서. 화피는 6장. 연한 황색

열매 / 장과로 구형이며 지름은 7~8mm.

붉은색이며 열매자루는 1.5~1.8cm. 9~10월에 익음.

번식 / 종자

용도 / 정원수, 기구재

까마귀밥나무
(여름나무)

Ribes fasciculatum var.
  chinense Maximowicz

범의귀과

212

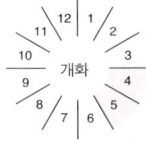 

개화

왼쪽 위 꽃 / 열매와 잎

분포 / 전국
특징 / 낙엽 관목. 높이 1~1.5m
잎 / 어긋나기. 달걀상 원형으로 길이는 5~10cm. 3~5갈래로
갈라지고 가장자리에 둔한 톱니가 있다. 잎자루에 털이 촘촘함.
꽃 / 암수딴그루. 수꽃은 꽃자루가 길다.
열매 / 장과로 구형이며 지름은 8~10mm.
약간 쓴맛이 나며 홍색으로 10월에 익음.
번식 / 종자, 꺾꽂이, 포기나누기, 휘묻이
용도 / 정원수, 생울타리용, 식용

* **까치밥나무(*R. mandshuricum*)** : 꽃은 총상 화서에 달리고, 양성화이며,
잎자루에 털이 거의 없다. 열매는 검게 익는다.
* **개앵도나무(*R. mandshuricum var. subglabrum*, 개앵두나무)** : 잎 뒷면 맥 위에만
털이 있고 화서에 털이 적다.
* **명자순(*R. maximowiczianum*)** : 암수딴그루이며 총상 화서에 2~3개의 꽃이
달리고, 잎의 양면에 털이 있다.

신나무

Acer ginnala Maximowicz
단풍나무과

위부터 열매 / 꽃

분포 / 전국

특징 / 낙엽 소교목. 높이 5~8m

수피 / 회갈색이며 갈라짐.

잎 / 마주나기. 달걀형이며 끝은 꼬리 모양으로 뾰족함. 길이는 6~10cm 이며, 크게 3갈래로 갈라짐. 가장자리에 불규칙한 이중 톱니가 있다.

꽃 / 복산방 화서이며 길이는 7cm. 꽃자루의 길이는 3~5cm. 황록색이며 꽃잎은 5장

열매 / 시과, 분리과이며 황록색. 길이는 3.5cm이며 날개는 예각을 이룬다. 9월에 익음.

번식 / 종자

용도 / 조경수, 기구재, 염료(잎)

산겨릅나무
(산저릅, 참겨릅나무)

Acer tegmentosum Maximowicz
단풍나무과

216

위부터 열매 / 꽃

분포 / 중부(경북) 이북
특징 / 낙엽 소교목(교목). 높이 10~15m
줄기 / 녹색 줄기에 백색 세로 줄이 있고 갈라짐.
잎 / 마주나기. 넓은 달걀형으로 길이는 7~16cm. 3~5 갈래로
얕게 갈라짐. 밑부분은 5맥. 가장자리에 이중 톱니가 있음.
잎자루의 길이는 3~8cm
꽃 / 총상 화서의 길이는 8cm. 꽃잎은 위가 넓은 달걀형으로
길이는 3mm. 황록색
열매 / 시과이며 황갈색. 길이는 2.5~3cm이며 날개는 둔각 또는
수평을 이룬다. 9월에 익음.
번식 / 종자
용도 / 관상수, 기구재

고로쇠나무(참고로실나무)

Acer mono Maximowicz
단풍나무과

열매

분포 / 전국 계곡, 산기슭
특징 / 낙엽 교목. 높이 15~20m
수피 / 회색이며 갈라짐.
잎 / 마주나기. 원형이며 5~7갈래로 갈라짐. 길이는 6~8cm이고
가장자리는 밋밋함.
꽃 / 잡성화. 원추상 산방 화서. 연한 황록색으로 지름은 5~8mm.
꽃받침잎과 꽃잎이 각 5개
열매 / 시과이며 자녹색. 길이는 2~3cm. 날개가 예각으로 벌어짐.
9~10월에 익음.
번식 / 종자
용도 / 풍치수, 약용(수액), 악기재, 가구재

* 우산고로쇠(A. okamotoana) : 울릉도에 나며 잎이 7~9개로 갈라진 것
* 만주고로쇠(A. truncatum) : 잎의 각 열편이 7개로 갈라지고 다시 셋으로
갈라지는 것.
* 당단풍 ☞『❷권 산나무-여름·가을』197쪽 : 잎이 9~11갈래로 갈라지며
가장자리에 톱니가 있다.

위부터 고로쇠나무 단풍 / 꽃

복자기 <small>(나도박달, 산참대)</small>

Acer triflorum Komarov
단풍나무과

분포 / 중부 이북

특징 / 낙엽 교목. 높이 20~25m

줄기 / 회백색. 어린가지는 붉은빛

잎 / 마주나기. 복엽이며 소엽 3개가 긴 타원형이며 길이는 5~9cm.
가장자리 가운뎃부분 위쪽에 2~4개의 큰 톱니가 있음.

꽃 / 잡성. 산방화서에 꽃이 3개 달림. 꽃자루는 1~1.2cm이며
갈색 털이 있음.

열매 / 시과이며 길이는 4~4.5cm으로 회백색. 억센 털이 많이 남.
날개는 예각이나 간혹 둔각인 것도 있다. 9~10월에 익음.

번식 / 종자

용도 / 조경수, 가구재

단풍이 들어 가는 모습

위부터 복자기 꽃 / 열매

* **복장나무**(*A. mandshuricum*) : 복자기나무와 달리 소엽의 가장자리가
잔 톱니 모양이고 시과의 길이가 3~3.5cm이며 털이 없는 점이 특징이다.

산개나리_(북한산개나리)

Forsythia saxatilis Nakai
물푸레나무과

224

분포 / 한국 특산 식물, 희귀 식물. 북한산과 관악산 등
특징 / 낙엽 관목. 높이 1m
줄기 / 회갈색. 어린가지는 자줏빛, 2년지는 회갈색
잎 / 마주나기. 타원형이며 길이는 2~6cm이고 가장자리에 잔 톱니가
있다. 잎자루에 털이 있고 붉은빛을 띤다.
꽃 / 암수딴그루. 길이는 13~15mm이며 4갈래로 갈라짐.
열편은 선상으로 긴타원형. 암술에 털이 있음.
열매 / 삭과로 갈색이며 9월에 익음.
번식 / 꺾꽂이
용도 / 관상수, 약용

왼쪽 아래부터 열매 / 꽃 / 개나리

---

* **개나리**(*F. koreana*) ☞『❸권 도시나무-봄』222쪽 : 산개나리와 달리 원줄기가 늘어지고 암술에 털이 없으며 주두에 털이 있음.

병꽃나무

Weigela subsessilis L. H. Bailey
인동과

226

열매

분포 / 전국
특징 / 낙엽 관목. 높이 2~3m
잎 / 마주나기. 위가 넓은 달걀형으로 길이는 1~7cm.
가장자리에 잔 톱니가 있음. 뒷면 맥에 털이 있다.
꽃 / 마주나기. 긴 통꽃으로 길이는 2cm. 꽃받침이 깊게 5갈래로 갈라짐.
황록색이 점차 적색이 됨.
열매 / 삭과로 길이는 10~15mm. 9월에 익음. 종자에 날개가 있음.
번식 / 종자, 꺾꽂이
용도 / 관상용

* **붉은병꽃나무(*W. florida*)** : 꽃이 진한 분홍색이며 꽃받침 열편이 덜 갈라진다.
* **색병꽃 (*W. florida* for. *alba*)** : 처음에는 꽃이 백색이고 통부가 적색이던 것이
모두 적색으로 됨
* **삼색병꽃(*W. florida* for. *subtricolor*)** : 꽃이 전체적으로 백록색이나 끝에
붉은빛이 돌며, 안쪽에 누른빛이 돈다.
* **흰병꽃(*W. florida* for. *candida*)** : 꽃이 처음부터 백색임.
* **서양병꽃 (*W. florida* cv. *nana variegata*)** : 외국에서 들여온 원예종으로
꽃이 붉고 크다.

인동덩굴

Lonicera japonica Thunb.
인동과

228

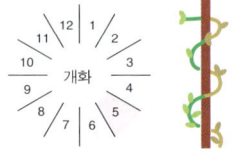

열매

분포 / 전국
특징 / 낙엽 덩굴성 관목. 길이는 5m
줄기 / 거친 털이 있고 연분홍색이나 연녹색
잎 / 마주나기. 타원형이며 길이는 3~8cm. 가장자리는 부드러움.
꽃 / 양성화로 꽃잎 5갈래 중 1갈래가 길게 갈라져 뒤로 말림.
길이는 3~4cm이고 백색에서 황색으로 변함.
열매 / 장과로 구형이며 지름은 7~8mm. 9월에 까맣게 익음.
번식 / 종자, 꺾꽂이
용도 / 관상용, 약용(잎, 꽃)

꽃

용어 해설 / 찾아보기 / 학명 찾아보기

●용어 해설

각두(殼斗) 모자처럼 도토리를 싸고 있는 딱딱한 부분

감과(柑果) 속껍질로 여러 개의 작은 방으로 나뉜 열매

견과(堅果, 도토리) 껍질이 보통 목질이며 종자가 1개 들어 있는 것

골돌(蓇葖) 각 방이 봉합선에 따라 벌어져 그 안에 종자가 들어 있는 열매

과수(果穗) 낱개의 열매가 모여 늘어져 달리는 열매 형태로 대개는
  꼬리 화서가 열매로 성숙한 경우에 해당한다.

구과(毬果) 솔방울처럼 목질 또는 막질 조각 사이에 2개 이상 들어 있는
  딱딱한 열매

기공조선(氣孔條線) 잎이 숨쉬는 부분으로 보통 잎 뒤에 흰 선으로 나타난다.

기부(基部) 뿌리와 만나는 줄기의 아래 부분

꼬리[유이] 화서(葇荑花序) 화축이 연하여 늘어지며 단성화로 이루어진 꽃차례

낭과(囊果) 베개처럼 부풀어 오른 열매

단성화(單性花) 암술과 수술 중 하나가 없거나 거의 퇴화된 꽃

두상 화서(頭狀花序) 머리 모양으로 모여 달리는 꽃차례

막질(膜質) 질감이 막처럼 얇은 것

무성화(無性花) 암·수술이 모두 없거나 퇴화된 꽃

복산형 화서(複傘形花序) 산형상으로 발달한 꽃자루에 다시 산형상으로
  작은 꽃자루가 달리는 산형 화서의 복합형

봉합선(縫合線) 열매의 한 부분으로 익으면 저절로 벌어지는 부분

삭과(蒴果) 익으면 2개 이상의 봉합선을 따라 벌어지는 열매

산방상 원추 화서(散枋狀 圓錐花序) 원추 화서들이 다시 산방상으로 달리는
  복합 화서의 종류

산방 화서(撒房花序) 작은 꽃자루가 가지에 달리는 위치에 따라 길이가
  다르지만 꽃이 달리는 부분이 일정한 면을 이루도록 발달한 꽃차례

산형 화서(傘形花序) 화축은 짧으나 비슷한 길이의 꽃자루가 우산 모양으로
  달리는 꽃차례

삼출엽(三出葉) 3개의 소엽으로 이루어진 잎의 종류. 잎자루가 3갈래로
  2번 갈라져 모두 9개의 소엽이 달리는 것을 2회 3출 복엽이라고 한다.

상과(桑果) 육질 혹은 목질로 된 화피가 붙어 있고, 씨방이 수과 혹은 핵과
  모양으로 되어 있는 열매

석류과(石榴果) 상하로 된 여러 개의 방으로 구성된 열매

선점(線點) 식물체에서 특별한 물질이 분비되는 곳으로 점처럼 보인다.

소엽(小葉) 복엽을 구성하고 있는 낱개의 잎

수과(瘦果) 1개의 방에 1개의 종자가 있으며 작은 깃털 같은 털이 달리는 열매

수관(樹冠) 가지와 잎이 발달하여 형성하는 나무의 상층 부분

수상 화서(穗狀花序) 화축이 발달하지만 꽃자루가 거의 없는 꽃차례

수피(樹皮) 나무의 껍질

시과(翅果) 얇은 막질의 날개가 달려 있는 열매

아린(芽鱗) 눈을 싸고 있는, 비늘처럼 생긴 조각

양성화(兩性花) 암·수술이 모두 있는 꽃

엽초(葉鞘) 단자엽 식물에서 줄기를 감싸고 있는 부분

엽축(葉軸) 우상 복엽에서 소엽이 달리는 중심축 부분

우상 복엽(羽狀複葉) 깃털 모양으로 소엽이 나란히 배열된 잎의 종류.

　　소엽의 수가 홀수이면 기수 우상 복엽(奇數羽狀複葉),

　　짝수이면 우수 우상 복엽(偶數羽狀複葉)이라고 한다.

원추상 총상 화서(圓錐狀 叢狀花序) 총상 화서들이 다시 모여 원추 모양으로

　　달리는 복합 화서의 종류

원추 화서(圓錐花序) 꽃차례 전체가 원추형 것

은화과(隱花果) 주머니처럼 생긴 화탁 안에 많은 수과가 들어 있는 열매

이가화(二家花) 암꽃과 수꽃이 각각 발달하는 나무

이과(梨果) 꽃받침이 발달하여 과육이 된 것[예 - 사과, 배(종단면 포함)]

인엽(鱗葉) 측백나무 잎처럼 비늘 모양으로 납작해져 달리는 잎

일가화(一家花) 암꽃과 수꽃이 한 그루에 있는 나무로 암수한그루라고도 한다.

잡성화(雜性花) 양성화와 단성화가 한 그루에 달린 것

장과(漿果) 육질화 되어 있는 과육 사이에 여러 개의 종자가 들어 있는 것

장미과(薔薇果) 꽃받침이 발달하여 통처럼 되고 그 안에 작은 종자가

　　많이 들어 있는 열매

장상 복엽(掌狀複葉) 소엽이 손바닥 모양으로 배열된 잎의 종류

접형 화관(蝶形花冠) 콩과 식물에 나타나는 꽃의 모양으로, 나비를 닮았다 하여

　　붙인 이름

지점(脂點) 지방질이 분비되어 점처럼 보이는 부분

초상엽(鞘狀葉) 줄기를 둘러싼 탁엽

총상 화서(叢狀花序) 화축이 길게 자라며 꽃자루도 발달한 꽃차례

총포편(總苞片) 화서가 달리는 가지 부분에 발달하는 잎처럼 생긴
  부분의 한 조각

취산 화서(聚散花序) 줄기 끝에 달리는 꽃 밑에 세 개 이상의 꽃자루가 나와
  끝에 꽃이 달리는 꽃차례

취합과(聚合果, 聚果) 과육이 많은 여러 개의 작은 핵과로 이루어진 열매

탁엽(托葉) 가지 위의 잎자루가 달리는 부분에 작은 잎처럼 보이는 기관

포린(包鱗) 꽃자루가 가지에 달리는 부분에 발달하는 포의 조각 혹은
  참나무과 각두를 이루는 조각

피목(皮目) 수피에 있는 숨구멍으로 여러 모양으로 발달한다.

핵과(核果) 열매의 중심에 목질화한 속껍질로 싸인 종자가 있으며
  중간 껍질은 육질화한 것

협과(莢果, 꼬투리) 콩 꼬투리처럼 잘록한 마디가 있으며 익으면
  선을 따라 벌어지는 열매

●찾아보기

❶산나무 봄 / ❷산나무 여름·가을 / ❸도시나무 봄 / ❹도시나무 여름·가을

235

236

237

239

241

243

●학명 찾아보기

①산나무 봄 / ②산나무 여름 · 가을 / ③도시나무 봄 / ④도시나무 여름 · 가을

245

249